# 건강식 감자요리

장수長壽의 비결 '감자요리'의 모든 것!

# 건강식
# 감자요리

초판 1쇄 발행  2016년 12월 12일

지 은 이  이권복
발 행 인  권선복
편   집  김정웅
교   정  천훈민
디 자 인  이세영
마 케 팅  권보송
전 자 책  천훈민
발 행 처  도서출판 행복에너지
출판등록  제315-2011-000035호
주   소  (157-010) 서울특별시 강서구 화곡로 232
전   화  0505-613-6133
팩   스  0303-0799-1560
홈페이지  www.happybook.or.kr
이 메 일  ksbdata@daum.net

값 18,000원

ISBN  979-11-5602-436-1      13590

Copyright ⓒ 이권복, 2016

# 건강식
# 감자요리

이권복 지음

도서출판 행복에너지

# 건강은
# 행복의 어머니이다

오늘날 각종 환경오염 등으로 우리 몸에 들어가는 음식이 가장 최악의 어려운 상태에 놓여 있다 해도 과언이 아닐 것입니다. 현대인의 삶이 건강을 위협하는 각종 스트레스와 과도한 인스턴트식품 등으로 점점 비만해지고 허약해지며 각종 성인병이 증가하고 있는데 이를 예방하기 위해서 감자의 섭취가 많아질수록 건강에 좋다고 할 수 있습니다.

감자는 인류에 없어서는 안 되는 가장 중요한 식재로서 밀, 옥수수, 쌀에 이어 네 번째로 많은 수확을 하고 있는 식재입니다. 감자는 척박한 땅에서도 수분과 햇빛과 공간만 있으면 수확할 수 있는 장점을 갖고 있어 우리네 삶에서 기근을 극복하는 식량으로 사용되었으며, 다른 나라에서도 마찬가지로 특히 전쟁에 식량으로 많이 사용되

기도 했습니다. 그렇기에 어느 나라가 감자를 많이 생산, 보관, 관리
하느냐에 따라서 전쟁의 승패가 갈리기도 하였으며 그만큼 감자에
얽힌 사연도 많습니다. 감자는 식량이라는 식재료로뿐만 아니라 감
자가 가지고 있는 성분을 이용하여 사진, 염색체, 향수, 당분 등 다양
한 분야에 사용되기도 합니다.

감자요리를 하면 할수록 신비할 정도의 다양성은 물론 감자요리
가 건강식이라는 점에서 놀라지 않을 수 없습니다. 우리가 쉽게 접하
지만 잘 알지 못하는 감자에 대한 이론적인 내용부터 시작해서, 우리
나라 사람의 입맛에 맞는 한국식 감자요리 레시피를 담았습니다. 그
리고 우리에게는 조금 생소할 수 있으나 외국에서 즐겨 먹는 감자 요
리 레시피도 소개하면서 감자의 다양한 활용법에 대해 알리고자 했
습니다.

그뿐만 아니라 다른 음식과 잘 어우러지는 곁들임 음식으로서의
감자 요리 레시피도 실어보았습니다. 건강에 좋은 감자를 이용한 다
양한 요리방법을 소개함으로써 누구나 쉽게 만들어 섭취할 수 있도
록 하려는 데에 목적을 두고 있습니다. 훌륭하신 분들의 감자에 관한
좋은 시와 글을 넣어 국민음식의 정서를 살리고 모두 함께할 수 있는
새로운 책을 만들어 보았습니다.

　조리계의 선후배님들과 사회 각계각층의 훌륭하신 분들을 포함하여 주옥같은 말씀을 주시고 격려해주신 모든 분들께 깊은 감사를 드리며 부족한 면이 있지만 더욱 노력하여 부족함을 줄여 나가겠습니다. 많은 질책과 성원을 부탁드립니다.

　끝으로, M·F·K Fisher가 쓴 문장을 인용하여 "평화와 축복을, 풍족한 음식과, 자유, 진리를 위하여 항상 기도하라. 하지만 감자를 등한시하지 마라."란 글처럼 감자의 소중함을 알리기 위해 노력하신 출판사 모든 분들께 감사드립니다.

*2016년, 감자를 캐며……*

이권복

# 추천사

　현대인들의 관심은 건강과 장수이다. 그야말로 어느 때보다 수많은 사람들이 건강과 장수에 많은 관심을 가지고 있다. 이 말은 다르게 말하면 이전에 비해서 건강을 유지하기 어렵고 건강의 장애 요소들이 많다는 말이기도 하다. 건강을 원하나 건강하지 못하게 사는 이유가 많은데 그중의 하나가 음식에 있다고 생각한다. 바쁜 현대인들이 생각 없이 빠르고 바쁘게 음식을 먹음으로써 자신도 모르게 건강을 잃어가고 있다는 것이다. 건강을 연구하는 학자들은 사람이 음식만 제대로 알고 먹어도 건강하고 장수할 수 있다고 한다.

　분명 먹거리는 이 세상을 창조하신 하나님이 인간에게 내려주신 선물이고 축복이다. 인간이 이 땅에서 건강하고 복되게 살라고 주신 것이다. 그러나 하나님이 주신 먹거리를 잘 관리하고 요리해서 맛있게 먹는 것은 인간의 책임이고 의무이다. 이런 면에서 우리의 먹거리를 연구하고 가르치는 분들이 계신 것이 얼마나 다행인지 모른다. 이 또한 하나님의 축복이다.

　금번 이권복 박사님의 저술『건강식 감자요리』는 우리에게 또 다른 기쁨이요 축복이다. 오랫동안 현장에서 여러 가지 다양하고 탁월한 요리를 통해서 많은 사람들의 입맛과 건강을 지켜오셨고, 학교에서 많은 제자들을 양성하면서 쌓은 실력과 풍부한 경험들을 살려 저술된 이 책은 분명 많은 분들에게 요리에 대한 통찰력과 지혜를 주고 이를 통해 많은 분들의 건강을 회복시키고 지키는 데 큰 유익이 되리라 믿어 이 박사님의 저서『건강식 감자요리』를 적극 추천한다.

　예부터 감자는 '땅속에서 나는 사과'라고 불릴 만큼 비타민이 풍부하다고 하며 감자 한 개에 거의 모든 영양소가 함유되어 있어 감자를 즐겨먹는 사람들은 영양결핍에 걸리지 않는다는 말도 있다. 성인병 예방과 다이어트, 피부미용에도 탁월한 효과가 있다고 하는데 이번 이권복 박사님의 책을 통해서 여러 가지 채소들과 곁들이는 감자요리가 개인의 입맛과 건강은 물론 우리 사회에 크게 기여하리라 믿는다.


　현장과 학교에서 여러 바쁜 일정 가운데서도 꾸준한 연구를 통하여 멋진 작품을 이 세상에 내어 놓은 이권복 박사님과 그를 뒤에서 묵묵히 내조하고 응원한 가족들에게도 심심한 위로와 격려의 말씀을 전한다.

**김덕겸** 박사 (한영신대 국제대학원 교수 및 디렉터)

감자를 연구하는 사람으로서, 2008년은 참 뜻깊은 한 해였습니다. UN에서 '세계 감자의 해'로 지정했기 때문입니다. 감자는 탄수화물 뿐 아니라 비타민과 미네랄이 풍부하여, 다른 곡물들과 달리 인간은 감자만 먹고도 건강을 유지하며 살아갈 수 있습니다. 또한 따로 비료를 주지 않아도 잘 자란다는 장점이 있습니다. 이런 까닭에 농업기술 발전이 더디고 땅이 척박한 나라에서는 주식으로, 선진국에서는 건강에 좋은 음식으로 주목받고 있습니다.

비단 여타 국가만이 아닙니다. 우리나라에서도 감자에 대한 관심과 인기가 높아졌습니다. 다만 한 가지 아쉬운 점은 대중들이 쉬이 접하는 요리 중 감자를 활용한 것이 많지 않다는 데 있습니다. 그래서 『건강식 감자요리』의 출간이 더욱 반갑습니다. 한식에서 양식에 이르기까지, 기존의 것은 물론 색다른 감자요리법이 가득 담겨 있기 때문입니다. 일류 조리사로서, 대학교수로서 감자의 장점을 널리 알려온 이권복 박사님의 이 책이, 국민 건강과 행복을 증대시키는 데 큰 도움 되리라 믿어 의심치 않습니다.

**임영석**

(강원대학교 의생명과학대학 생명건강공학과 교수,

(사)세계평화감자식량재단 이사장)

한 눈 한 눈 싹을 따
올망졸망 심은 소망
돌밭을 다스리며 키워낸 가문(家門)이다.


그 누가 뭐라 해도
지심(地心)에 순종하며
알알이 토실토실 송송히 보람으로
이랑을 돋우면서 가꿔 거둔 응답이다.


실히 맺혀 가득 열린
텃밭의 푸른 기쁨


고단함과 설친 잠을 밭둑에 깊이 묻고
허리 펴서 너를 보며
웃는 하루 꽃 마음


어머니는 농심(農心) 하날 내 눈에도 심으시고
하얀 꽃 자주색 꽃 그릇에 고인 감사를

조석(朝夕)으로 무릎 꿇고
하늘에다 올린다.

**이용대 시인** (제1시집 『처음 만난 그날처럼』에서)

감자꽃 피면

못생겨도 꿀맛 나던 배고픈 그 시절
이제는 호박도 고구마도 잘생겨 버렸네.

가난해도 변함없는 벗 감자야 고구마야
감자꽃 피면 고구마꽃 피면
눈물 많은 고향 생각 절로 난다.

언제나 행복하십시오.
언제나 공부하는 요리사 이권복 님의 출판을 진심으로 축하드리
오며 무궁한 발전을 기원합니다.

김운정 시인

이권복 교수님의『건강식 감자요리』가 출간됨을 축하드립니다. 이 책이 식문화 발전에 크게 기여하리라 믿습니다. 백절불굴의 정신으로 항상 보다 높은 곳을 향하여 끊임없이 도전하는 이권복 교수님께 박수를 보냅니다!

"요리를 연구하고 공부하는 사람들의 값진 길잡이가 되길"

**민경일** (서울 호서직업전문학교 부학장)

감자는 우리나라 60~70년대 사람들에게는 전쟁과 가난 때문에 허기진 배를 채우기 위해 먹었던 귀한 식재료이자 음식으로, 2010년대부터는 국민건강과 식생활에 좋은 제철 음식이자 다이어트 음식 재료로 많은 사람들이 매우 좋아하고 즐기며 사랑한 음식재료 중의 하나이다. 감자는 고구마와 함께 대표적인 간식거리이며 또한 다양한 요리와 함께 곁들여 먹기도 한다. 또한 감자는 전 세계 음식문화 속에 녹아 있고 독특한 맛과 다양한 조리법으로 어느 나라를 방문하여도 쉽게 접할 수 있을 정도로 세계인들의 사랑을 받고 있는 음식재료이다.

한편 이 책을 편찬한 이권복 교수님은 오랜 기간 동안 현업에 종사하면서 세계요리대회 출전을 통한 요리 저변 확대와 지속적인 발전을 이룩함은 물론 주경야독으로 조리인의 최고 자격증인 국가공

인 조리기능장을 취득하여 왕성한 사회 활동은 물론 후배 조리인 양
성에 사랑과 헌신을 다하셨다. 또한 현재 서울 호서전문학교 교수님
으로, 한국조리기능장협회 부이사장님으로서 선도적이고 중추적인
역할과 지역 사회에 대한 봉사 정신으로 모든 분으로부터 찬사와 갈
채를 받고 있으며, 더욱이 온화하고 풍요로운 마음으로 주위 분들에
게 한없이 포용심과 관용의 미덕을 베푸는 분으로 선·후배 조리인
들의 귀감이 되시는 분이다.

이제까지 완벽한 감자요리 지침서가 없어서 많은 분들이 감자요
리를 하는 데 안타까운 부분이 많았으나 이권복 교수님이 많은 시간

연구하고 경험하여 노력한 귀중한 자료를 책으로 편찬함으로써 책을 읽으시는 독자님들께는 "요리를 연구하고 공부하는 사람들의 값진 길잡이"로서 훌륭한 요리지침서가 될 것이라고 확신한다.

이 책에는 감자요리에 대해 직접 체득하고 배우고 가르쳐온 이권복 교수님의 자취들이 고스란히 담겨져 있다. 요리에 대한 끊임없는 열정과 자기계발로 교육자로서 자신만의 길을 개척하고자 노력하고 있는 과정에서 출간된 이 책을 읽으시는 모든 독자님들이 요리의 예술인 되시길 기원한다.

**서정희** (대한민국 조리 명장)

　건강을 지키는 보석인 식품의 활용도를 높이는 조화로운 비법이 담긴 책 발간을 축하합니다.　　**강순아** (서울 호서벤처대학원대학교 교수)

　감자요리 비법을 누구나 알기 쉽게 엮은 요리책 발간을 축하드립니다.　　**정철** (서울 호서벤처대학원대학교 교수)

　온화하신 성품에 감미로운 색소폰 연주가 멋들어지게 어울리시는 교수님♫ 제가 가장 좋아하는 감자요리 책 또한 그에 못지않게 구수한 맛을 풍길 것 같아 큰 기대를 가지고 기다리고 있습니다.^^♡　　**고인호** (국방대학원 교수)

　항상 모든 일에 정직과 성실로 임하시는 교수님의 모습이 아름답습니다. 하나님께서 주신 귀한 식품인 감자요리를 통하여 많은 사람들에게 맛의 기쁨과 함께 건강을 듬뿍 안겨 주는 귀한 책의 출판을 축하드립니다.　　**배석철** (영문학 박사)

　이권복 교수를 생각하면 떠오르는 사자성어는 "자강불식"이다. 그를 안 지 꽤 오래되었지만 대할 때마다 느끼는 것은 끊임없이 노력하고 도전하는 모습들이다. 한순간도 쉬지 않고 새로운 패러다임으로 끊임없이 도전하는 모습은 동료 후배들에게 훌륭한 귀감이며 내게는 경외감마저 느끼게 한다.

“도전만이 인간을 살아 숨 쉬게 한다.”란 말처럼 그의 도전은 지금
도 그리고 내일도 여전히 진행형이다.

서동철 (서울 그랜드 하얏트 제과장)

국민을 위해 아주 뜻있는 일이네요. 빨리 출간된 모습을 보고 싶
네요. 정말 축하드려요. 송성미 (경희대학원 동문)

와~ 대단하십니다. 항상 새로운 일에 최선을 다하시는 모습이십
니다. 후배 양성과 더불어 수많은 사람들에게 요리의 열정을 빛나게
꽃피우는 본 책의 탄생에 축하드립니다. 이병록 (부장컨벤션 헤리츠)

삼라만상이 새롭게 숨 쉬는 계절에 즈음해서!
한 권의 책을 출간하기 위해서 불철주야로 혼신을 기울여 애쓰신
교수님께 존경스럽다는 말씀을 드립니다. 이 책이 모든 이의 삶에 도
움이 되고 식문화에 한 알 밀알이 됐음 합니다.

이성희 (롯데호텔 한국조리기능장)

출판을 축하드립니다. 우리 몸에 좋은 감자, 감자의 힘으로 건강
하게~ 우리네 멋진 인생을 감자와 함께~ 이상철 교수 (인천재능대학교)

항상 열정적으로 요리연구와 후진 양성에 힘을 다하시는 기능장

님. 파이팅입니다~ 축하드립니다.　　　　　**이한열** (LG F&C오리옥스 부장)


　건강에 좋은 알칼리식품 감자로 만든 싸고 쉽고 영양 풍부한 다양한 요리로 행복을 만드는 요리사 이권복 교수님께서 만드신 행복한 감자요리책!! 출판을 축하드립니다.　　　　　**여경래** (한국중식연맹회장)


　축하드립니다. 항상 연구하시고 새로움을 추구하시는 모습이 좋아 보입니다.^^　　　　　**진영석** (현대자동차)


　감자요리에 관한 책의 출간을 바라보며~~
　감자의 맛은 순하고 연하다. 미각에는 여리게 반응하지만 잔잔하게 얼얼거리는 여운의 맛을 남기곤 한다. 씹을 때는 힘없이 무너지며 퍼석거리기도 하지만 텁텁하게 입안을 돌아다니곤 한다. 감자의 밋밋한 맛의 특징은 다른 음식재료의 맛을 높여주곤 한다는 점이다. 역사적으로 내려오는 감자에 대한 다양한 요리방법은 오랜 세월 동안 발전되어 왔지만 이젠 새로운 식재료의 발전에 걸맞은 새로운 맛이 필요할 때이다. 주식의 영역을 차지하는 요리개발은 매우 특별한 영역이다. 감자의 특성을 절절하게 끌어내어 오래도록 이어질 요리법의 비결은 전문가들에게조차 호기심을 자아낼 것으로 보인다. 감자의 새로운 요리법으로 인해 음식문화의 새로운 맛을 찾게 해주신 것에 대해 이권복 교수님에게 감사드린다.　**조기형** (지오 맛 아카데미 대표)

행복을 만드는 요리사 이권복 교수님께서 고민하고 만드신 행복한 감자요리책!!

특별히 건강에 좋다고 알려진 알칼리식품 감자로 싸고 쉽고 영양 풍부한 다양한 요리를 선보이시니, 널리 퍼져서 온 국민들에게 소박한 기쁨으로 행복을 더해주시리라 믿습니다.

허진숙 (주)디포인덕션 대표)

우리는 요리에 대해 이야기할 때 "맛있다-맛없다, 달다-쓰다-짜다-맵다, 뜨겁다-차다, 화려하다-빈약하다" 등으로 표현합니다. 우리들 인생도 이와 같이 표현할 수 있습니다. 그러므로 요리에는 "사람과 그의 삶"이 담겨 있다고 해도 과언이 아닐 것입니다. 평소 존경하고 사랑하는 이권복 박사님의 이번 저서는 그런 의미에서 "당신과 당신의 인생이 닮긴 삶의 성과"라고 할 수 있을 것입니다.

특히 감자는 예전에는 구황작물로 쌀보리를 대체하는 음식의 역할을 하였고, 지금은 동서양의 거의 모든 요리의 재료로 활용될 정도로 그 성분과 효능이 뛰어난 음식이라고 합니다. 자료에 의하면 감자는 탄수화물이 많아 사람들의 에너지를 창출하는 음식이고, 당분이 낮아 영양식으로도 다른 곡물이나 채소에 비할 바가 아니라고 합니다. 또한 철분, 칼륨, 마그네슘과 같은 중요 무기성분과 인체에 꼭 필요한 비타민 C, B1, B2, 나이아신 등을 함유하고 있다고 합니다.

그러니 어떤 음식과도 조화가 잘될 것이고, 당연히 요리법도 다양한 것이 아닌가 생각됩니다. 무엇보다 맵고 짠 음식을 선호하는 우리나라 사람들에게는 더없이 안성맞춤인 음식이고, 상대적으로 부족한 지방은 달걀, 우유, 베이컨, 버터, 당근, 브로콜리 등과 조화된 요리로 개발되면 완전식품으로 기능할 수 있다고 하니 그야말로 최고의 식재료인 셈입니다.

강의와 업무로 바쁜 시간에도 불구하고 늘 요리와 소스 연구에 매진하고 계시는 이권복 박사님의 이번 저서 발간을 진심으로 축하드리며, 당신의 후학들이 진심과 성심으로 요리에 임하여 이 저서에 빛을 더해주기를 기원합니다.

홍창식 (관광학 박사)

포근하고 달콤한 감자! 이런 맛있는 감자요리의 모든 것을 보여주는 것 같아 그 열정과 노고에 깊이 감사드립니다. 이권복 님 덕분에 식탁 위가 더욱 건강하고 풍성해진다고 생각하니 저절로 신이 납니다.

늘 새로운 요리를 꿈꾸는 주부9단이며,
아이처럼 신기한 눈으로 세상을 바라보는 시인 **정순화**

# CONTENTS



## Ⅰ. 감자(Potato)이론

# II. 감자요리(한국편)

## IV. 가니쉬용 감자요리

# I

# 감자(Potato)
# 이론

## 1. 감자의 명칭

감자는 중국어로 마령서(馬鈴薯, potato)라고 한다. 이는 한 포기를 그대로 파내어 들어 올리면 말방울처럼 보인다는 뜻으로 붙여진 이름이다. 한편 감자라는 이름은 북방에서 온 고구마라는 뜻인 '북방감저'에서 붙여진 이름이다.

## 2. 감자의 분류

감자는 통화식물목 가지과의 식용식물로 분류되는 식물이며 여러해살이 풀로 땅속줄기의 각 마디에서 보통 1개씩의 가는 줄기가 나와 그 끝이 비대해져서 우리가 먹는 덩이줄기, 즉 감자가 형성되는 것이다.

## 3. 감자의 유래

감자 발생지는 1만 3천 년 전쯤의 안데스(Andes)산맥 중부 고랭지로 알려져 있다. 이곳에 자생하던 야생 감자를 콜럼버스의 신대륙 발견 이후 잉카(Inca)제국을 멸망시켜 쫓아버린 스페인 사람들이 잉카 보물과 함께 구대륙에 가져와 유럽 제국에 전파된 걸로 보고된다.

그렇게 18세기쯤 유럽에 첫발을 내디딘 감자는 좁은 경작지와 척박한 토양에서도 엄청난 식량을 제공할 수 있었으며, 땅이 부족한 농부들에게 기근의 대비책이 될 수 있었을 것이다. 산업혁명을 맞은 영국은 삶의 스타일이 점점 빨라지고 인구 폭발이 한창이었으며, 인구의 도시 집중이 시작되어 감자의 빠른 전파가 이루어졌다.

## 4. 감자의 한국 역사

한편 감자는 남미에서 유럽으로, 유럽에서 중국으로, 중국에서 우리나라로 전파되었을 것으로 여겨진다. 조선시대 이규경이 쓴 『오주연문장전산고』에 의하면 조선 순조 24년(1824)과 1825년 사이 명천의 김 씨가 북쪽에서 가져왔거나, 청나라의 채삼자가 우리나라의 국경을 몰래 침범하여 심어 먹이던 것이 밭에 남아 전파된 것이라 쓰여 있다. 본격적인 재배는 1890년경 평안도, 함경도 강원도 일원에서부터 시작되었으며, 초근목피로 연명하던 우리 조상들에게는 아무런 저항 없이 우리의 밥상에 오르기 시작한다.

## 5. 우리나라의 감자 종류

· 자주감자: 가장 오래된 감자라고 볼 수 있으며 보통 '돼지감자' 또는 '춘천 재래'라고 하는데 갸름한 모양에다 껍질 색이 자줏빛이다. 씨눈이 깊고 맛이 아리지만 병해에 강하고 익혀도 잘 부서지지 않는 특징을 가지며, 1940년 전까지 전국적으로 많이 재배되었다.

· 노랑감자: 경기도 화성에서 재배되었던 감자로 토질을 가리지 않고 병충해에 강하며 맛이 졸깃하다. 속이 노란 감자로 아린 맛이 없고 쪄도 파삭거리지 않아 목이 메지 않기 때문에 들밭에서 일할 때 간식으로 좋다고 한다.

· 하지감자: 물에 젖었을 때 연한 분홍빛을 띠고, 모양이 달걀처럼 둥글고 예쁜데 하지 무렵 논에 모를 심고 나서야 캔다 하여 '하지감자'라고 명명되었다. 아린 맛이 없으며 저장성이 뛰어나 땅에 묻어두면 이듬해 4~5월까지 먹을 수 있다고 한다.


감자(Potato)이론

## 6. 감자의 성분

### 1) 수분(70%)

감자는 수분 함량이 79.5%정도로 비교적 많은 수분으로 이루어져 있다.

### 2) 전분(녹말, 13~20%)

감자의 녹말은 17.3% 정도이며 감자를 녹말로 제조하였을 때의 생산량은 14~16%밖에 되지 않는다. 녹말 분자의 크기는 커서 약 45um 정도이고, 달걀 모양이며 대개 고르다. 또한 감자녹말은 다른 녹말에 비해 색상과 광택이 좋고, 이취(나쁜 냄새)가 없어 여러 가공제품에 많이 이용되는데 식품뿐 아니라 위양용, 화학시약용, 섬유, 제지 등의 원료로 널리 이용된다.

### 3) 기타

단백질 1.5~2.6%, 환원당 0.2%, 회분 0.6%~1% 등을 포함한다.

## 7. 감자의 영양 성분

감자 100g 중의 칼로리 함량(72Kcal)에 대한 영양성분 함량(mg)표

| 성분 | 함량<br>(mg/72kcal/100g) | 기능 |
| --- | --- | --- |
| 단백질 | 1900 | 체내 각 기관의 작동 강화 |
| 탄수화물 | 17300 | 당뇨병식으로 뛰어남 |
| 섬유 | 300 | 심근경색을 방지 |
| 칼륨 | 200 | 고혈압 방지 |
| 철분 | 0.5 | 빈혈 방지 |
| Vit B1 | 0.1 | 각기병 예방 |
| 판토텐산 | 0.4 | 위궤양, 뇌혈전 방지 |
| Vit C | 15 | 동맥경화 예방, 스트레스 방지 |
| Vit B6 | 0.3 | 뇌출혈 방지 |
| 코린 | 27 | 간장, 동맥 강화 |

1) 감자는 탄수화물로 대부분이 전분이다. 단백질과 지방은 적고 고구마에 비해 수용성 당분이 적어 맛이 담백하고 주 단백질은 lobulin의 일종인 tuberin이다.

2) 감자는 무기질이 풍부하여 알칼리성으로 분류된다. 칼슘, 인, 칼륨 등 무기질이 풍부해 산성 식품인 육류, 유제품, 생선 등과 먹으면 영양의 균형을 유지시켜줌으로써 산독증에 나타나는 쇠약감이나 권태감을 예방해 주는 알칼리성 식품이다.

3) 감자는 비타민의 창고이다. 일반적으로 비타민C는 채소에 많이 들어 있으나 생채소의 비타민은 열을 가할 때 파괴되는 특성이 있어 섭취량이 적어지기 마련이다. 그러나 감자의 비타민은 전분에 둘러싸여 있어 열에 파괴되는 양도 적다.

## 8. 감자의 효능

1) 주름 방지하는 감자의 판토텐산
   피부의 세포와 세포를 붙이고 있는 히알루론산은 결합 조직의 주성분

으로, 점성을 가진 다당류로 분류된다. 이것과 비슷한 것은 개구리 알을 둘러싼 한천 상태의 물질인데 히알루론이라는 단어 자체가 개구리를 의미한다.

사람이 젊을 때는 히알루론이 물을 많이 끌어당기므로 피부에 탄력이 있고 촉촉해서 주름이 지지 않는다. 스트레스를 받으면 이들 결합조직이 약해지므로 수면을 취해서 스트레스를 가볍게 해두는 것을 명심해야 한다. 또 이 히알루론산을 만들기 위해서는 비타민C 와 판토텐산이 필요한데 그래서 비타민C와 판토텐산을 많이 섭취하는 것에 의해서도 스트레스가 가벼워진다. 감자에는 이 두 가지 비타민이 많다.


2) 기미를 방지하는 비타민C

감자의 자른 면은 비타민C가 있는 동안은 그 환원력에 의해 갈색이 되지 않는데, 비타민C가 없어지면 산황에 의해 갈색 색소가 만들어진다. 우리들의 피부도 비타민C가 적어지면 갈색으로 변하기 쉽다. 비타민C는 환원성이 있으므로 감자를 먹으면 피부가 하얗다.


3) 젊은 몸을 유지하는 철과 메티오닌

혈액 중에는 비타민C 외에 한 가지 더 환원성 물질이 있다. 이것은 글루타치온이라는 아미노산의 결합물로 간에서 만들어지는 것이다. 우리들 몸 안에서 옆길로 빗나간 것 같은 산화가 일어나면 석유를 태우는 석유 스토브 자신이 녹스는 것처럼 몸이 산화하며 그것이 원인이 되어 노화가 일어난다. 글루타치온은 이와 같은 산화를 줄여준다. 그래서 노화하지 않고 젊은 상태를 유지하기 위해서는 글루타치온이 충분히 만들어지도록 해야 한다. 감자에 함유된 철과 메티오닌은 글루타치온 생성에 도움을 준다.

## 4) 여성스러움을 만드는 단백질

여성 호르몬의 생산에는 단백질이 필요하다. 한국여성의 키가 커진 것은 단백질 섭취량이 증가해서 뇌하수체로부터 성장 호르몬이 나오게 되었기 때문인데 동시에 여성호르몬의 생산도 증가해서 조숙해졌다. 그러나 식사를 거르거나 하여 단백질이 부족하면 위를 지탱하는 힘이 약해져서 위하수가 된다. 요즈음 여성에게 많이 나타난다. 이렇게 되면 호르몬이 충분히 나오지 않으므로 모든 것이 저조해진다. 감자의 단백질은 밥이나 빵보다 양질이므로 감자와 함께 동물성 식품을 보충하여 먹고 매일 체조를 하면 위하수도, 저혈압도, 빈혈도 방지되어 여성미를 간직할 수 있다.

## 5) 변비를 방지하는 불소화물

장에 분포하는 자율신경은 교감 신경과 부교감 신경을 통해 일어나는 상반된 작용을 가지고 있다. 전자는 아드레날린, 후자는 아세틸콜린이라는 호르몬에 의해 자극된다. 예를 들면 긴장을 하면 아드레날린이 나와서 장의 활동을 멈춰 변비를 일으키고 휴양하면 아세틸콜린이 나와서 장의 활동을 정상으로 되돌린다. 그런데 아세틸콜린의 합성에 판토텐산이 필요하다.

감자의 불소화물은 대장 내 미생물 발육에 좋은 영양원이 되고, 증식한 미생물의 움직임은 잔병에 작은 자극을 준다. 그 때문에 장의 활동이 정상이 되어 변비도 치료된다. 변비가 아닌 피부는 항상 깨끗하다. 게다가 이들 미생물이 합성한 판토텐산은 장에서 흡수되어 우리의 몸에 이용된다. 이처럼 감자는 많은 점에서 좋은 효과를 나타낸다.

## 9. 한방으로서의 유익한 감자

### 1) 변비 치료하기

한방에선 장의 열이 많거나 기가 약해 장운동이 멀어지거나, 장 속 진액이 말라붙으면 변비가 생긴다고 본다. 결명자를 볶아 가루를 내 하루 한 티스푼 정도 먹거나 차전자(질경이씨)를 으깨어 환약으로 만들어 먹거나 공복 시에 감자 생즙을 하루 두 번 정도 먹는 것도 좋다.

### 2) 감자와 생강 이용한 부기 빼기(부종)

만드는 방법:

① 감자 한 덩어리와 생강 한 덩어리를 깨끗이 씻는다.

② 믹서기에 감자와 생강을 곱게 간다.

③ 감자와 생강을 간 것에 밀가루를 한 주먹 넣어 적당히 반죽한다.

④ 신체의 부은 부위에 ③을 붙이고 붕대로 감은 다음 하룻밤 자고 일어나 물로 씻으면 된다.

### 3) 위장병

감자는 위장기능 강화식품으로 무, 다시마, 감자와 같은 식품들이 위장병에 좋다. 껍질을 벗긴 생감자를 갈아 앙금만 분리하여 하루에 감자 한 개 정도의 분량을 공복에 먹으면 위

장병의 근본적인 치료가 된다.

4) 헛배가 불러 속이 답답할 때
껍질을 벗긴 생감자를 갈아 생앙금만 공복에 먹으면 좋다.

5) 속 쓰림이 심할 때
감자를 생즙 내어 마신다.

6) 신경성 위장병, 신경성 위염, 과민성대장증후군
찹쌀과 감자를 위주로 만든 음식을 먹는 게 좋다.

## 10. 감자의 재배 환경

1) 감자의 생육 적정온도는 섭씨 14~23℃이며, 21℃ 내외일 때 줄기와 잎의 생장이 가장 왕성하다.
2) 감자는 비교적 건조한 상태에 강한 작물이지만 토양의 수분이 풍부해야 수량이 증가된다.
3) 감자 재배 토양의 적정 산도는 pH 5.0~6.5의 약산성이 좋다.

## 11. 감자의 재배 방법

1) 씨감자의 선택: 씨감자에서 수량 및 품질이 결정된다.
2) 씨감자 소독: 흑피병, 창가병, 심부병 등을 예방한다.
3) 씨감자 절단: 30~40g이 적당하며 파종 10일 전에 절단한다.
4) 씨감자 경운 깊이: 12cm가 적당하며 파종 후 토양수분 보존을 위해 비닐 피복을 한다.

## 12. 감자 고르기

1) 햇감자는 중간 크기에 표면이 단단하고 껍질이 얇은 것이 좋다.

2) 감자는 수분이 적은 밭감자가 좋고 눈 자국이 얕게 팬 것이 좋다.

3) 감자는 얼룩이 있거나, 검은 반점이 있는 것, 상처 있는 것, 주름 많은
   것, 지나치게 큰 것, 녹색이 돌고 볕에 탄 것은 피한다.


## 13. 요리에 사용되는 감자의 손질 방법

1) 저온에 약하므로 냉장고에 넣지 말고 바람이 잘 통하는 그늘에 보관한다.

2) 감자의 눈이나 녹색으로 변한 껍질에는 솔라닌이라는 독소가 있어 식
   중독의 원인이 된다. 솔라닌은 가열해도 독이 제거되지 않으므로 싹이
   나 녹색부분은 반드시 도려내고 조리한다.


## 14. 감자와 현대사회

1) 감자는 가난을 상징하는 식품으로 여겨졌으며, 주식의 대용으로 쓰였다.

2) 감자는 최근에 생활수준이 높아짐에 따라 새로운 영양식품으로 인기
   가 높아지고 있다.

3) 감자는 담백한 맛과 다양한 조리방법으로 식생활에 빼놓을 수 없는 식
   품이 되어가고 있다.

4) 감자는 세계적으로 많이 보급되면서 저장식량과 채소로서의 기능뿐만
   아니라 전분, 술 및 알코올 원료로 이용되고 있다.

5) 감자녹말을 이용한 가공제품에 많이 이용되며, 어묵, 어육, 소시지와
   같은 수산 연제품이나 과자의 원료, 정제, 산제 등의 위약용, 화학시약
   용, 제지용 풀의 원료 등 다양한 곳에 이용되고 있다.

# 15. 조리를 위한 중요한 품질

감자는 그 조리목적에 따라서 적당한 품질을 선택할 필요가 있다. 보통은 14~18%의 전분과 1.4~2.5%의 단백질을 포함하고 있다. 전분 함량 16% 이상의 것은 단백질이 적고 분질이며, 전분함량이 16% 이하인 것은 단백질이 많고 점질이다. 점질의 감자는 찌거나 삶든지 할 때 부서지지 않아 기름을 사용하는 감자요리에 좋다. 분질의 감자는 부서지기 쉽고 가열에 의하여 희고 불투명하고 건조한 외관을 나타낸다. 분질감자는 으깬 감자 (Mashed potato)에 적당하다.

조리한 감자의 육색은 백색 또는 크림색에 가까운 백색인 것이 좋다. 감자에 따라서는 조리 중 혹은 조리 후에 흑색으로 변하는 것이 있다. 그 원인의 하나는 감자에 존재하는 flavone계 색소가 용기에서 나오는 철 이온에 접촉해서 생기는 변화이며, 또 하나는 효소의 작용으로 Tyrosine 및 기타의 화합물에서 Melanin이 형성되기 때문이다.

# 감자요리
## (한국편)

이후에 등장하는 모든 요리는 기호에 따라

소금과 후추로 맛을 조절할 수 있습니다

# 01

# 감자 경단

감자 300g, 설탕 10g, 우유 50ml,
노란 콩가루 50g, 푸른 콩가루 50g, 흑임자 50g, 소금



① 감자를 썰어 물에 푹 삶아 물기를 제거하고 체에 걸러 으깨어 놓는다.

② 우유와 설탕, 소금을 넣어 끓여준다.

③ ①과 ②를 섞어준다. 되직하게 만든다.

④ ③을 조금씩 떼어 2cm 정도로 둥글게 빚는다.

⑤ ④를 흑임자와 콩가루에 묻혀서 접시에 담아낸다.

# 감자 송편

감자녹말 500g, 강낭콩 또는 팥 200g,
설탕 20g, 참기름 20ml, 소금



① 감자녹말을 끓는 물로 익반죽하여 놓는다.

② 팥을 타 개어 불려 껍질을 벗겨내고 삶은 후 설탕, 소금을 넣어 송편 속을 만들
어 놓는다.

③ ①의 반죽에 ②를 넣어 송편을 빚은 후 김 오른 찜통에 젖은 보자기를 깔고 위
에 솔잎을 깐 후 찐다.

④ 뜨거울 때 꺼내어 참기름을 바른다.

# 03

# 감자 뭉생이

감자 2kg, 밤 225g, 강낭콩 300g, 소금



① 감자 껍질을 깨끗이 벗긴다.

② 감자를 강판에 갈아 베보자기에 짠다.

③ 감자 짠 물로 녹말 앙금을 가라앉힌다.

④ 물기를 짜서 놓은 건더기와 녹말앙금을 섞어 삶은 강낭콩과 밤을 넣고 소금으로

간을 하여 버무린다. 시루에 넣고 찐다.

⑤ 뜨거울 때 베보자기에 넣고 꼭 눌러 시루떡 모양으로 만들어 썰어 낸다.

04
감자 쌍합전

**• 재료 •**

감자 300g, 다진 소고기 100g, 다진 파 5g, 다진 마늘 5g, 설탕, 소금, 후추,
참기름, 밀가루, 달걀 1개, 붉은파망, 식용유

**• 만드는 방법 •**

① 감자를 둥근 모양으로 다듬고 썰어 물에 살짝 삶는다.

② 다진 소고기에 다진 파, 다진 마늘, 설탕, 소금, 후추, 참기름을 넣고 고루 양념한다.

③ 삶은 감자의 물기를 없애고 밀가루를 묻혀 소고기 양념한 것을 바르고 감자를 다시 맞붙인다.

④ 맞붙인 감자에 밀가루, 달걀 물 순으로 옷을 입혀 프라이팬에 기름을 두르고 지진다.

⑤ 감자 밑면이 노릇노릇하게 지져지면 감자 윗면에 붉은피망을 올려 살짝 익혀낸다.

# 05

# 감자 해물전

감자 300g, 밀가루 50g, 달걀 1개, 새우 200g, 오징어 200g,
당근 30g, 대파 20g, 무순 30g, 소금, 식용유



① 감자의 껍질을 벗겨 강판에 갈아놓고 달걀은 잘 풀어 소금 간을 하여 갈아놓은 감자와 섞어 놓는다.

② 새우는 내장을 빼고 오징어도 먹물을 없앤 후 소금에 주물러 깨끗이 씻고 끓는 물에 살짝 데쳐 적당한 길이로 썰어 놓는다.

③ 대파는 송송 썰고 당근은 껍질을 벗겨 강판에 갈아 준비한다.

④ 준비된 감자와 새우, 나머지 재료를 혼합하여 놓는다.

⑤ 팬을 달구어 오일을 두르고 ④를 한 수저씩 떠 놓은 후 당근 갈은 것과 무순으로 고명을 하여 노릇노릇하게 지진다.

# 감자 수제비

· 재료 ·

감자 300g, 밀가루 100g, 마늘 5g, 표고버섯 30g, 간장 20ml, 애호박 30g,
멸치국물 500ml, 소금, 후추, 식용유, 달걀 약간

· 만드는 방법 ·

① 감자 껍질을 벗겨 강판에 갈고 그 감자 간 것에 밀가루와 소금을 조금 넣어 반죽한 후 비닐에 싸서 잠시 숙성시킨다.

② 호박과 표고버섯을 약 5cm 길이로 길고 얇게 썰어 놓는다. 냄비에 식용유를 두르고 다진 마늘과 간장을 넣고 볶다가 호박과 표고버섯을 넣고 멸치국물을 넣어서 끓인다.

③ 반죽해 놓은 감자떡을 왼손에 한 덩어리 잡고 한 손으로 감자떡을 얇게 늘려 떼어가면서 장국에 떨어뜨려 넣는다.

④ 감자떡이 끓어오르면 달걀을 깨트려서 잘 풀어 솔솔 뿌려 넣고 소금, 후추로 양념하여 준다.

## ❧ 멸치국물 ❧

① 멸치 똥을 제거하여 놓고 표고버섯 다듬고 남은 밑동을 같이 물에 넣고 끓여준다.

② 체나 천에 걸러서 맑은 장국을 준비하여 놓는다.

# 감자 부침

감자 300g, 양파1/2개, 소금, 후추, 식용유



① 양파는 다진다. 감자는 껍질을 벗긴다.

② 감자를 강판에 갈아 다진 양파와 섞고 소금과 후추로 양념한다.

③ 팬을 달구어 오일을 두르고 한 수저씩 떠 놓고 노릇노릇하게 지진다.

# 감자탕

감자 300g, 모시조개 100g, 풋고추 5g, 홍고추 5g,
고추장 20g, 소고기 50g, 식용유



① 감자는 껍질을 벗긴다.

② 팬을 달구어 오일을 두르고 소고기를 볶다가 감자를 같이 볶아준다.

③ 고추장을 풀어 넣어주고 조개를 넣어 같이 끓여준다.

④ 고추를 썰어 넣어준다.

09
감자고기밥

감자 300g, 흰쌀 200g, 돼지고기 100g, 깨소금 2g, 식용유, 간장



① 감자는 껍질을 벗겨 큰 깍두기 모양으로 썰고 돼지고기는 납작하게 썰어 간장과
　깨소금으로 재운다.

② 팬을 달구어 오일을 두르고 고기와 감자를 살짝 볶아 준다.

③ 밥솥에 씻은 쌀과 ②를 넣고 밥을 한다.

④ 밥이 다 되면 골고루 섞어 담고 깨소금을 같이 담아 내준다.

# 감자새우속지짐

감자 1kg, 부추 50g, 풋고추 20g, 당면 50g, 달걀 1개,
새우 살 100g, 깨소금 5g, 양념간장 100ml, 식용유



① 감자는 껍질을 벗겨 체에다 갈아 걸러 앙금을 앉히고 건더기를 찐 다음 함께 섞어 반죽한다.

② 부추는 짧게 썰고 풋고추는 가늘게 썰어 살짝 볶아놓으며 삶은 당면, 다진 새우 살, 볶은 달걀, 깨소금을 섞어서 소를 만든다.

③ 감자 반죽을 밤알 크기로 떼어서 소를 넣고 둥글납작하게 빚은 다음 팬을 달구어 오일을 두르고 지져준다. 양념장을 곁들여 낸다.

# 11

# 감자 만두 튀김

감자 500g, 밀가루 100g, 빵가루 10g, 돼지고기 100g, 달걀 2개, 당근 50g, 양파 30g, 표고버섯 20g, 참대순 30g, 깨소금 5g, 소금, 후추, 식용유 30ml



① 감자는 껍질을 벗겨 삶아 밀가루, 달걀, 소금을 넣어 반죽한다. 참대순은 잘게 썰고 당근과 표고버섯은 데쳐 가늘게 썬다.

② 다진 양파를 볶다가 돼지고기를 넣고 볶은 다음 참대순, 당근, 버섯, 깨소금, 후추를 넣어 같이 볶아 만두소를 만든다.

③ 감자 반죽에 만두소를 넣고 빚어 밀가루를 묻히고 달걀을 바른 다음 빵가루를 묻혀 기름에 튀겨 접시에 담아낸다.

# 감자옹심이

감자 500g, 사골국물 1L, 김가루 약간, 깨소금 5g,
양념간장 30ml, 달걀 1개, 강낭콩, 밤, 소금



① 감자는 껍질을 벗겨 갈아 베 보자기로 짠다. 달걀은 흰자 노른자 나누어 지단을

만든다.

② 감자 짠 물의 녹말 앙금을 가라앉힌다.

③ 물기 짜서 놓은 건더기와 녹말 앙금을 섞어 강낭콩과 밤을 넣고 소금으로 간을

하여 버무린다. ③을 시루에 넣고 찐다.

④ 뜨거울 때 베 보자기에 넣고 시루떡 모양으로 만들어 썰어낸다.

⑤ 사골국물을 끓여 옹심이를 넣고 다시 끓여서 그릇에 담고 지단과 김가루를 얹는다.

13

# 감자채 볶음

감자 300g, 홍고추 1개, 흑임자 5g, 참기름 10ml,
간장 약간, 식용유 약간. 소금



① 감자는 껍질을 벗겨 채를 썬 다음 물에 19분 정도 담가 두었다가 건져 물기를

빼다.

② 볼에 담아 소금을 뿌려 절인다.

③ 팬에 기름을 두르고 채 썬 홍고추를 넣어서 볶는다.

④ ②의 감자를 물기를 뺀 후 볶는다.

⑤ 필요하다면 간장을 약간 넣으면서 볶고 참기름과 흑임자를 넣어 마무리한다.

# 14

# 감자 햄 소시지 볶음

감자 300g, 햄 100g, 소시지 50g, 표고버섯 30g, 피망 30g,
양파 30g, 식용유 약간



① 감자는 껍질을 벗겨 썰고 오븐에 구워서 깍둑썰기하여 놓는다.

② 양파. 피망, 표고버섯, 햄, 소시지도 같은 크기로 썰어 놓는다.

③ 팬을 달구어 식용유를 두르고 양파와 표고버섯을 볶다가 피망과 감자를 넣어

같이 볶아준다.

# 감자볶음밥

밥 400g, 감자 200g, 양파 30g, 당근 30g, 피망 20g, 다진 소고기 50g,
표고버섯 20g, 완두콩 10g, 식용유 약간, 소금, 후추



① 양파, 당근, 피망, 표고버섯, 감자를 껍질을 벗겨 채 썰어 놓는다.

② 밥은 고슬고슬하게 지어서 놓는다.

③ 팬을 달구어 식용유를 두르고 양파, 감자, 당근, 피망, 소고기, 표고버섯을 볶다

가 밥을 넣어 같이 볶아주면서 완두콩을 넣어 준다.

④ 소금, 후추로 양념을 하여 한 번 더 볶아준다.

# 16

# 감자우동

감자 300g, 우동 면 4인분, 대파 1대, 김 1장, 간장 20ml,
멸치육수 1000ml, 정종 20ml, 소금



① 냄비에 물을 붓고 멸치육수를 우려낸다.

② ①에 간장, 정종, 소금을 넣어서 간을 한 뒤 채 썬 감자를 넣어서 익힌다.

③ 김은 불에 구워 가위로 가늘게 자른다.

④ 끓는 물에 우동 면을 넣어서 살짝 데쳐 건진 다음, 그릇에 담고 ②의 우동 국물

을 부어서 낸다.

⑤ 파 썬 것과 김 자른 것을 올린다.

17

# 감자조림

감자 300g, 닭고기 100g, 꽈리 풋고추 10개, 설탕 15g, 다진 파 5g,
다진 마늘 5g, 간장 40ml, 깨소금 5g, 참기름 10ml, 통깨 약간, 후추



① 감자는 껍질을 벗겨 깍둑썰기 하여 물에 담가 놓는다.

② 닭고기도 깍둑썰기 하고 꽈리 풋고추는 씻어 꼭지를 뗀다.

③ 팬에 기름을 두르고 감자와 닭고기를 볶는다.

④ 설탕, 다진 파, 다진 마늘, 간장, 깨소금, 참기름, 후추를 섞어 양념장을 만든다.

⑤ 양념장을 넣어 조리다가 꽈리 풋고추를 넣은 후 뚜껑을 열고 윤기 있게 조린다.

⑥ 감자가 익으면 그릇에 담고 통깨를 뿌려준다.

18

# 감자 소고기조림

**· 재료 1 ·**

감자 300g, 소고기 50g, 소금, 통깨

**· 재료 2 ·**

간장 10ml, 설탕 5g, 다진 파 5g, 다진 마늘 5g, 깨소금 3g, 참기름 5ml

**· 재료 3 ·**

물 200ml, 간장 40ml, 설탕 15g, 물엿 20ml, 깨소금 5g

**· 만드는 방법 ·**

① 감자는 껍질을 벗겨 깍둑썰기하여 소금에 절였다가 씻는다.

② 소고기는 납작납작 썰어서 재료 2의 양념에 잰다.

③ 냄비에 소고기와 감자를 넣고 재료 3을 넣어 조린다. 부서지기 쉬우므로 자주

젓지 않는다.

④ 감자가 익으면 그릇에 담고 통깨를 뿌려준다.

# 감자 소고기 팬케이크

감자 200g, 소고기 30g, 당근 30g, 양파 30g, 가루우유 20g,
다진 파슬리 3g, 밀가루 10g, 식용유, 소금, 후추



① 감자는 껍질을 벗겨 삶아 뜨거울 때 체에 곱게 내려놓는다.

② 소고기, 당근, 양파는 곱게 다져 놓는다.

③ 팬에 식용유를 두르고 소고기, 당근, 양파를 각각 볶아 놓는다.

④ ①과 ③을 섞고 가루우유를 넣은 후 소금, 후추, 다진 파슬리로 양념을 한다.

⑤ 직경 5cm가 되게 둥글납작하게 빚어 밀가루를 얄팍하게 묻힌다.

⑥ 기름 두른 팬에 ⑤를 지져낸다.

# 감자유부조림

감자 300g, 유부 50g, 브로콜리 70g, 다시물 10ml



간장 30ml, 설탕 10g, 맛술 10ml, 후추



① 감자는 껍질을 벗겨 깍둑썰기 하여 물에 담가 놓는다.

② 유부는 끓는 물에 데친 후 찬물에 헹구어 물기를 없앤다. 브로콜리는 한 잎씩 떼어 데친다.

③ 간장에 설탕, 맛술, 후추를 섞어 조림장으로 만든다.

④ 냄비에 식용유를 두르고 감자를 볶다가 다시물을 부은 다음 ③의 조림장을 담아 끓인다. 감자가 반 정도 익으면 유부를 넣고 브로콜리를 넣어 가볍게 조려낸다.

# 21

# 게 감자 튀김

**· 재료 1 ·**

꽃게살 200g, 감자 300g, 달걀 65g, 생크림 100ml, 양파 10g,
팽이버섯 10g, 피망 10g, 밀가루 조금, 빵가루 조금, 소금, 후추

**· 재료 2 ·**

가쓰오부시 국물 200ml, 국간장 10ml, 미림 20ml, 마늘 5g, 전분 10g, 정종 10cc

**· 만드는 방법 ·**

① 꽃게는 쪄서 살을 발라놓고 감자는 삶아서 가는 체에 내려놓는다. 양파, 팽이버섯, 피망을 곱게 다져 볶아 놓는다.

② 게살과 감자를 냄비에 넣고 약간의 소금과 후추, 국간장으로 맛을 내고 생크림을 섞어 나무 주걱으로 저어 물기가 없어질 때까지 볶은 다음 양파, 팽이버섯, 피망을 섞어 준다.

③ 게 껍질 안쪽에 밀가루를 약간 묻힌 다음 그 속에 ②의 재료를 채운다.

④ ③에 밀가루를 약간 묻히고 달걀 물을 묻힌 다음 빵가루를 입혀 노릇노릇하게 튀긴다.

⑤ 가쓰오부시 국물에 미림, 국간장을 넣고 소금으로 간을 맞춘 다음 마늘을 넣고 끓으면 정종 한 스푼을 넣은 다음 물에 풀어 놓은 전분을 조금씩 넣어가며 농도를 맞추어 튀긴 게 위에 끼얹어 준다.

# 22

# 감자 고추장찌개

감자 300g, 애호박 50g, 양파 140g, 소고기 100g, 대파 30g, 풋고추 2개,

홍고추 1개, 고추장 40g, 된장 10g, 다진 마늘 5g, 쌀뜨물 300ml, 소금, 후추



① 냄비에 쌀뜨물을 얹고 된장과 고추장을 풀어 넣는다.

② 소고기를 채 썰어 마늘과 함께 무쳐 놓았다가 국물이 끓으면 넣는다.

③ 감자는 껍질을 벗겨 큼직큼직하게 썰고 양파는 굵은 채를 썰어 국물에 넣는다.

④ 호박도 큼직하게 썰고 대파와 고추는 어슷썰기 하여 찌개에 넣고 소금, 후추로

　 간을 한다.

23
감자 배춧국

감자 150g, 배추 200g, 굵은 파 20g, 멸치 50g, 된장 30g,
고춧가루 5g, 다진 마늘 5g, 홍고추 1개.



① 감자는 껍질을 벗겨 납작하게 길이로 썰어 놓는다.

② 배추는 씻어서 물기를 빼 길게 썰어 놓고 굵은 파는 어슷하게 썬다.

③ 냄비에 물을 붓고 손질한 멸치를 넣어 끓여 멸치를 건져낸다.

④ ③의 멸치국물에 된장을 풀고 감자와 배추를 넣어 끓인다.

⑤ ④에 홍고추, 고춧가루, 파를 넣고 다진 마늘을 넣어 끓인다.

# 감자 육개장

감자 100g, 소고기 200g, 느타리버섯 30g, 다진 파 10g, 다진 마늘 5g, 간장 10ml,
고춧가루 5g, 식용유 10ml, 굵은 파 1줄기, 간장 10ml, 홍고추 1개, 소금



① 감자는 껍질을 벗겨 굵직하게 길이로 썰어 놓는다.

② 소고기는 양지머리로 푹 끓여 고기는 건져 찢어 놓고 국물을 걸러 놓는다. 느타
리버섯은 끓는 물에 데쳐 씻고 물기를 짠 후 찢어 놓는다.

③ 냄비를 달구어 식용유를 넣고 마늘과 고춧가루를 볶다가 감자를 가볍게 볶아준다.

④ ③에 준비된 재료를 넣고 같이 끓인다.

⑤ 필요시 소금으로 간을 맞춘다.

25

# 통 감자탕

감자 450g, 돼지갈비 400g, 굵은 파 2대, 물 600ml, 된장 30g, 홍고추 2개



다진 마늘 15g, 국간장 20ml, 고춧가루 5g



① 돼지갈비를 찬물에 담가 핏물을 뺀다. 찬물에 담갔던 갈비와 대파를 삶아 끓여 건져낸 다음 물은 버리고 갈비의 물기를 제거하여 된장을 발라 놓는다. 감자는 삶아 껍질을 벗긴다.

② 고추, 파 등은 어슷썰기 하여 놓는다.

③ 볼에 갈비를 넣고 끓이다가 물러지면 삶은 감자와 고추, 파를 넣고 재료 2로 양념하여 같이 끓여준다.

# 알감자조림

**• 재료 1 •**

알감자 200g, 식용유 30ml

**• 재료 2 •**

진간장 30ml, 물엿 50ml, 다진 파 5g, 다진 마늘 5g, 깨소금 3g, 참기름 약간

**• 만드는 방법 •**

① 알감자는 깨끗이 씻어 놓는다. 파, 마늘은 곱게 다진다.

② 진간장에 파, 마늘, 물엿, 깨소금, 참기름을 넣고 고루 섞는다.

③ 깊은 볼에 식용유를 약간 두르고 감자를 가볍게 볶아준 다음 양념장을 넣어 끓이다가 물러지면 물엿을 넣고 양념하여 같이 끓이며 윤기 나게 조려 준다.

# 27

# 감자 채소 조림

**• 재료 1 •**

감자 300g, 당근 20g, 양파 1/4개, 통깨 약간, 풋고추 1개,
식용유 10ml, 참기름 약간

**• 재료 2 •**

진간장 30ml, 물엿 50ml, 물 50ml

**• 만드는 방법 •**

① 감자는 깨끗이 씻어 사각으로 썰어 놓는다. 당근, 양파도 같은 크기로 썰어놓는다. 풋고추는 약 1.5cm 크기로 둥글게 썬다.

② 진간장에 물엿, 물을 넣어 조림장을 만든다.

③ 깊은 볼에 식용유를 두르고 감자와 당근, 양파, 풋고추를 볶다가 양념장을 넣어 끓여 윤기 나게 조려준다.

④ 취향에 따라 통깨와 참기름으로 마무리한다.

# 감자 두루치기

감자 100g, 소고기 50g, 양파 50g, 대파 30g, 풋고추 10g, 느타리버섯 20g,
당근 20g, 육수 200ml, 고추장 30g, 고춧가루 20g, 간장 20m, 맛술 10ml,
다진 마늘 5g, 소금, 후추, 깨소금, 참기름



① 감자는 길고 납작하게 썰어 물에 담갔다가 건진다.

② 소고기, 당근, 양파는 납작하게 썰고 풋고추, 굵은 파는 어슷하게 썬다.

③ 느타리버섯은 끓는 물에 데쳐 찬물에 행군 후 찢어 놓는다.

④ 팬에 육수를 넣고 소고기와 감자를 넣어 끓이다가 고추장, 고춧가루, 간장, 맛술
로 양념한다.

⑤ ④에 양파, 당근, 다진 마늘, 풋고추, 굵은 파를 넣고 끓인 후 소금과 후추로 간을
한다.

⑥ ⑤에 깨소금과 참기름을 넣고 그릇에 담아낸다.

# 29

# 감자 잡채

감자 150g, 당면 100g, 당근 20g, 양파 30g, 피망(청 · 홍) 30g, 표고버섯 20g,
통깨 약간, 실고추 약간, 참기름 약간, 식용유 약간, 불고기양념 약간



① 감자는 껍질을 벗겨 곱게 채를 썬 다음 물에 10분 정도 담가두었다가 건져 물기를 뺀다. 당근, 양파도 곱게 채 썬다. 당면은 삶아 놓는다.

② 표고버섯은 물에 불려 부드럽게 하여 물기를 짠 후 채 썰어 불고기 양념으로 무친다.

③ 피망은 배를 갈라 씨를 발라낸 후 곱게 채 썬다.

④ 팬에 기름을 두르고 채 썬 감자를 볶다가 당근, 양파, 피망, 표고버섯을 넣어 볶으면서 당면을 넣어 같이 볶아준다.

⑤ 불을 끈 후 참기름과 참깨, 실고추를 넣어 섞은 후 마무리한다.

30

# 감자 북어채 볶음

### • 재료 1 •

감자 400g, 북어포 1마리, 대파 1뿌리, 통깨 조금, 식용유, 녹말

### • 재료 2 •

소스 : 토마토케첩 50g, 고추장 15g, 간장 10ml, 황설탕 10g, 물엿 10ml,
청주 10ml, 육수 10ml, 참기름 5ml

### • 만드는 방법 •

① 감자는 깨끗이 씻어 0.5cm 두께와 넓이로 썰어 물에 담갔다가 건져 놓는다.

② 북어포는 물에 축여 부드러워지면 발라내고 한입 크기로 썰어 유장(참기름과 간
　장 3:1) 비율로 섞은 것)을 발라둔다.

③ 감자와 북어에 녹말을 약간 뿌려 160℃의 기름에서 튀겨낸다.

④ 소스 재료를 팬에 윤기 나게 조린다.

⑤ 대파는 흰 부분을 5cm 정도의 길이로 가늘게 채 썰어 냉수에 담갔다가 건진다.

⑥ ①과 ③을 넣고 ④을 섞어 조린다.

⑦ 접시에 담고 파 썰어 놓은 것을 곁들인다.

97
감자요리(한국편)

# 감자 주먹떡

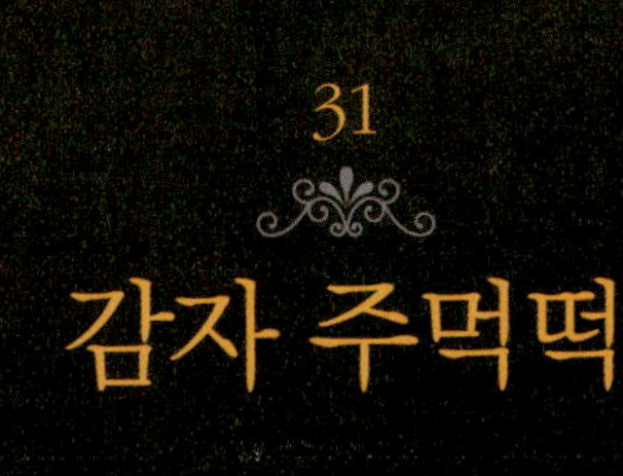

**• 재료 1 •**

감자 300g, 밀가루 100g, 소금 10g

**• 재료 2 •**

흰팥 500g, 물 2L, 설탕 50g, 소금 5g

**• 만드는 방법 •**

① 감자를 깨끗이 씻어 껍질을 벗기고 고운 강판에 갈아 물에 앉힌다.

② 물을 따라내고 남은 감자 전분과 밀가루를 조금 섞어 반죽을 하며 소금으로 간한다.

③ 팥을 깨끗이 씻어 다량의 물에 불린다. 중간 중간 2~3회 이상 물을 갈아준다.

④ 10시간 이상 충분히 불린 다음 팥이 잠길 정도의 많은 물에 넣어 센 불에 올린다. 끓기 시작하면 표면에 떠오르는 거품을 부지런히 걷어낸 다음 설탕과 소금을 넣고 더 끓여준다.

⑤ 끓인 팥을 체에 내려 곱게 정리한 다음 떡 소를 만들어 놓는다.

⑥ ②의 반죽에 ⑤의 소를 넣어 모양을 낸 후 찜기에 찐다.

⑦ 접시에 담아낸다.

32
감자 완자

감자 450g, 소고기 100g, 양파 100g, 피자치즈 100g, 밀가루,
달걀 물, 빵가루 약간, 파슬리 약간, 소금; 후추, 튀김 식용유



① 감자는 깨끗이 씻어 푹 삶아 으깬다.

② 소고기는 순살로 준비하여 곱게 다져 소금, 후추, 다진 파슬리로 양념한다.

③ 피자치즈는 1.5cm 크기로 네모지게 썬다.

④ 팬에 기름을 두르고 달구어 양념한 고기를 볶다가 다진 양파를 넣고 부드럽게 볶는다.

⑤ 으깬 감자에 ④를 넣고 달걀, 소금 후추로 양념하여 완자를 빚으면서 속에 치즈를 넣고 튀어나오지 않도록 만든다.

⑥ ⑤를 밀가루, 달걀 물, 빵가루 순으로 묻혀 튀겨도 좋고, 그냥 팬에 구워도 좋다.

33

# 감자양곰탕

사태 300g, 양 150g, 감자 600g, 대파 2대, 다진 마늘 10g, 국간장,
후추 약간, 홍고추 1개, 참기름 약간



① 양은 끓는 물에 담갔다가 칼이나 전복 껍질로 검은 부분의 기름기를 제거한다.

② 양과 사태, 대파 1대를 넣고 푹 삶다가 고기가 익을 무렵 껍질을 벗겨 물에 담가
둔 통감자를 넣어 익힌다.

③ 익은 양과 사태를 건져서 양은 어슷어슷하게 저며 썰고 사태 살은 납작하게 썬다.

④ 고기에 다진 마늘, 후추, 참기름, 국간장을 넣어 골고루 무친 다음 끓는 물에 넣
고 다시 간을 맞춘다.

# 34

# 감자전골

감자 200g, 소고기 80g, 표고버섯 30g, 느타리버섯 30g, 양송이 30g, 대파 30g,
고추(청 · 홍) 20g, 당근 30g, 두부 200g, 간 마늘 10g, 육수 500ml, 소금 약간



① 감자는 껍질을 벗겨 강판에 걸러서 앙금과 건더기를 섞어 모양 있게 만든다.

② 소고기는 썰어서 양념하고 표고, 느타리, 양송이, 고추, 당근 두부, 파를 썰어서

전골냄비에 감자와 같이 담는다.

③ ②에 육수를 붓고 소금, 파, 마늘을 넣고 끓인다.

# 감자 쌈

감자 450g, 맛간장 10ml, 식초 100ml, 매실청 100ml 또는 복숭아청 100ml



① 감자는 껍질을 벗겨 0.5cm 얇기로 썰어 반달모양으로 자른 다음 담가 놓는다.

② 맛간장과 식초, 매실청을 끓여 미지근하게 식힌다.

③ ①을 물기를 제거 후 ②를 넣어 냉장 보관하고 약 3~7일 후에 먹는다.

감자를 보관할 때 사과를 넣으면 싹이 나는 것을 저지할 수 있다. 반대로 양파를 넣으면 감자가 빨리 썩는다.

# 36

# 감자 돈나물 무침

감자 150g, 돈나물 100g, 콩기름 60ml, 식초 10ml, 매실청 10ml,
붉은 피망 5g, 소금, 후추



① 돈나물은 다듬어 씻어 물기를 제거하여 놓는다. 붉은 피망은 작은 사각으로 잘

라 놓는다.

② 감자는 껍질을 벗겨 채 썰어 물에 담가 건져 물기를 제거하여 놓는다.

③ 볼에 콩기름, 식초, 매실청, 소금, 후추를 넣어 고루 잘 섞어준다.

④ ③에 감자와 돈나물을 섞어 접시에 담고 피망을 볼에 담은 소스에 버무려 올려

준다.

드레싱은 계절 과일과 양파, 식용유, 식초를 넣어 믹서기에 갈아서 사용하면 빠르고 맛도
있다.

# 감자 차

감자 껍질.
감자요리를·할 때 감자를 깎아 내고 남은 재료를 모아서 말려 사용해도 좋다.



① 감자를 깨끗하게 씻어 껍질을 벗겨 속은 식재료로 사용하고 껍질은 말린다.

② 말린 감자 껍질을 기름기 없는 팬에 한번 가열해준다.

③ 차를 끓이는 방법처럼 하여 마신다. 비타민 D가 많아 건강에 좋다.

감자 차, 감자 쌈은 TV조선의 '만물상' 77회 방송 참조하였음

# 감자 동동주

감자 70kg, 쌀 30kg, 누룩 20kg, 효모 100g



### 1. 주모 만들기

① 쌀 30kg을 씻어 고두밥으로 짓는다.

② 누룩 7kg, 효모 100g을 ①에 섞어 버무려 발효시킨다.

### 2. 1단계 삽입

① 주모에 감자 70kg과 물 110L를 섞어 7~8시간 푹 삶는다.(액체)

② ①을 10℃ 정도로 식힌 다음 다시 누룩 13kg을 넣어서 발효시킨다.

③ 10℃ 정도에서 15~20일 발효시킨 후 제성하여 서주로 완성시킨다.

위 감자 동동주는 강원도 농촌진흥원의 『강원도의 향토ㆍ관광요리』 책을 참조하였습니다.

39

# 감자 식혜

엿기름 300g, 멥쌀 300g, 감자 200g, 생강 1톨, 설탕 200g



① 엿기름가루를 주머니에 넣고 따끈한 물에 담가 바락바락 주물러서 우러나면 가라앉힌다.

② 감자는 깎아서 깍둑썰기하고, 멥쌀은 깨끗하게 씻어 건져서 찌거나 된 감자밥을 짓는다.

③ 엿기름물에 설탕 100g과 감자밥을 넣고 보온밥통에 4~5시간 둔다.

④ 밥알이 3~4알 떠오르고 밥알이 속이 없어 잘 삭았을 때 밥알을 건져서 냉수에 헹군다.

⑤ 식혜물에 남은 설탕과 생강을 넣고 끓여서 식힌다.

# III

# 감자요리
## (서양편)

## 감자전쟁: 유럽 역사와 감자의 중요성

1778년 프러시아와 오스트리아의 전쟁을 "감자전쟁"이라 한다. 양 국가의 병사들이 상대국의 병사를 굶기는 작전으로 전쟁에 승리하기 위해 그 어떤 것보다도 우선적으로 감자를 서로 장악하려 했기 때문이다.

나폴레옹 1세 때는 프랑스가 유럽을 좌지우지하던 시절(1789~1814)이었다. 이때 곡물의 수입이 불가능한 영국은 자국 내의 밀 부족 현상이 심각해졌다. 그리하여 인기가 없던 감자는 차츰 소비가 증가했고 이후 영국 사람들의 중요한 식생활 수단이 되었다고 한다. 제1·2차 세계대전을 치르면서 감자는 더욱 중요한 식량으로 거듭나는데 이는 같은 면적에서 재배되는 밀에 비해 5배나 많은 수확량으로 군인들의 배를 채워주었던 탓이다.

특히 러시아의 과학자들은 전쟁기간 동안 남미의 우수한 감자 종자들을 밤낮으로 추위와 쥐들로부터 보호하는 데 여념이 없었고, 이것들이 러시아에 승전보를 전하리라 믿었다. 당시 러시아에서 감자의 종자는 금보다 더 중요했으며, 아직도 "제2의 빵"이라 불린다.

감자요리(서양편)

# 감자 샐러드

감자 2개, 양파 10g, 붉은 피망 10g, 파슬리 3g, 백포도주, 마요네즈



① 감자는 껍질을 벗겨 사각으로 썬다.

② 양파와 붉은 피망은 작은 사각으로 썰어 놓는다. 파슬리는 곱게 다져 물기를 제거하여 놓는다.

③ 냄비에 양파와 감자, 피망을 넣고 백포도주를 부어 완전히 졸여질 때까지 익힌다.

④ 약간 식힌다. 여기에 양념과 마요네즈로 버무려 접시에 담고 위에 파슬리를 뿌린다.

# 02

# 감자 파르메산치즈
# 토마토 샐러드

감자 2개, 토마토 1개, 잎상추 1장, 양파 20g, 후레쉬 파르메산치즈 30g,
파슬리 3g, 오일 비네그렛 80ml



① 감자는 껍질을 벗겨 사각으로 썰어 삶아 식힌다. 파슬리는 다져 놓는다.

② 양파는 작은 사각으로 썰어 놓는다. 토마토는 데쳐서 껍질을 벗겨 감자의 크기
로 썬다.

③ 볼에 오일 비네그렛과 양파를 넣어 저은 다음 식은 감자와 토마토를 넣고 무친다.

④ 접시에 잎상추를 깔고 ③을 담은 후 간 치즈와 파슬리 다진 것을 뿌려 낸다.

## 오일 비네그렛 Oil Vinegrette



올리브오일 100ml, 식초 30ml, 머스타드 10g, 소금, 백후추



① 볼에 머스타드, 올리브오일과 식초를 넣어 저어 만든다.

# 독일식 감자 샐러드

**· 재료 1 ·**

감자 2개, 양파 10g, 파슬리 3g, 양상추 1잎

**· 재료 2 ·**

베이컨 40g, 샐러드유 40ml, 프렌치 머스타드 5g, 식초 10ml, 소금, 후추

**· 만드는 방법 ·**

① 감자는 껍질을 벗겨 사각으로 썰어 삶고 물기를 제거한다.

② 베이컨을 구워 다져 놓는다. 파슬리를 다져 물기를 제거하여 놓는다.

③ 볼에 샐러드유, 프렌치 머스타드, 식초, 소금, 후추를 넣고 구워 다진 베이컨을
조금만 남겨 놓고 넣어 드레싱을 만들어 놓는다.

④ 냄비에 다진 양파와 감자를 넣고 드레싱을 넣어 무친다.

⑤ 접시에 양상추를 깔고 무친 샐러드를 놓고 위에 베이컨과 파슬리를 뿌려준다.

# 04

# 감자 보트 샐러드

감자 200g, 오이 40g, 사과 30g, 샐러리 20g, 햄 80g,
달걀 삶은 것 60g, 마요네즈 50g



① 감자는 껍질을 벗겨 통째로 삶는다.

② 삶은 감자를 반으로 잘라 속을 파내어 보트 모양으로 만든다.

③ 달걀은 흰자와 노른자를 분리하여 흰자는 사각으로 썰어 놓고 노른자는 체에 내
려 따로 놓는다.

④ 감자 속은 사방 0.5cm 크기로 썰고 계란 흰자, 오이, 사과, 샐러리, 햄도 같은 크
기로 썰어 같이 섞는다. 양념 후 마요네즈로 무친다.

⑤ ④를 보트 모양의 감자에 속으로 채우고 위에 노른자를 뿌린다.

05

# 감자 그라탕

감자 400g, 양파 30g, 밀가루 10g, 모짜렐라치즈100g,
버터 10g, 넛메그 2g, 우유 50ml, 생크림 50ml



① 감자는 껍질을 벗겨 통째로 얄팍하게 썬다. 또는 알감자를 껍질 벗겨 통째로 사용한다. 양파는 곱게 다진다.

② 팬을 달구어 버터를 녹인 후 양파를 볶고 거기에 밀가루를 넣어 볶아준 다음 우유와 생크림, 넛메그를 넣어 멍울지지 않도록 잘 저어 주면서 끓여준다.

③ 그라탕 볼에 감자를 가지런히 담고 ②를 붓는다. 위에 치즈를 뿌린다.

④ 오븐을 250℃로 예열하여 15분 정도 굽는다.

> 양파, 베이컨 다진 것을 볶다가 알감자를 껍질 벗겨 통째로 넣고 생크림을 넣어 졸이면서 익혀 준 다음 볼에 담고 치즈를 얹어 살라만더의 색을 내주면 맛이 있다.

# 06

# 감자 볶음밥 그라탕

감자 100g, 달걀노른자 60g, 넛메그 조금, 우유 50ml, 버터 5g, 소금



밥 150g, 양파 30g, 새우 50g, 완두콩 20g, 양송이 30g,
붉은 피망 20g, 식용유 10ml



① 감자는 껍질을 벗겨 삶아 으깨어 놓는다. 소스팬에 넛메그, 우유, 버터, 소금을 넣어 끓여놓는다. 여기에 삶아 으깬 감자를 넣어 젓는다.

② 양파, 양송이, 붉은 피망, 새우를 작은 사각으로 자른다.

③ 팬을 달구어 버터를 녹인 후 양파, 양송이, 붉은 피망, 새우를 볶아주면서 밥을 넣어 볶아준다.

④ 그라탕 볼에 ③을 넣고 ①의 매쉬드 포테이토를 짤주머니에 넣어 위에 모양 있게 짜 준다.

⑤ 달걀노른자에 우유를 약간 넣어 풀어서 붓으로 ④에 바른 다음 오븐을 230℃로 예열하여 7분 정도 굽는다.

# 07

# 감자새우튀김

감자 200g, 새우 100g, 당근 50g, 피망 30g, 레몬 1쪽,
파슬리, 밀가루, 튀김가루, 식용유



① 감자는 껍질을 벗겨 놓는다. 새우는 껍질과 내장을 제거한다.

② 감자, 새우, 당근, 피망을 비슷한 크기로 썰어 놓는다.

③ 감자, 새우, 당근, 피망을 보기 좋은 비율로 밀가루에 버무린다.

④ 튀김가루와 물을 섞어 멍울이 지지 않게 재빨리 저어 준다.

⑤ ④에 ③을 넣어 가볍게 섞어 준다.

⑥ 기름 온도 180℃에서 튀긴다. 필요하면 레몬과 파슬리는 가늬쉬로 사용한다.

# 감자 샌드위치 튀김

감자 200g, 식빵 6pc, 오이 50g, 양파 20g, 후랑크소시지 50g,
삶은 달걀 60g, 마요네즈, 달걀물, 빵가루, 식용유, 소금



① 감자는 껍질을 벗겨 삶아 으깨어 놓는다. 오이, 양파는 채 썰어 소금에 절이고

물기를 짜놓는다. 후랑크소시지, 삶은 달걀은 둥글둥글 썬다.

② 볼에 ①을 넣고 양념과 마요네즈로 섞는다.

③ 식빵에 ②를 넣고 빵으로 덮은 다음 밀가루, 달걀, 빵가루를 묻혀 놓는다.

④ 기름 온도 180℃로에서 튀긴다. 건져서 보기 좋게 잘라 접시에 담는다.

# 09

# 감자 퐁당

감자 300g, 양파 20g, 생선살 50g, 달걀노른자 30g,
넛메그 2g, 버터 20g, 소금; 후추



① 감자는 껍질을 벗겨 200g을 삶아 으깨어 놓는다.

② 팬을 달구어 버터를 두르고 양파를 볶다가 생선살을 볶는다. 볼에 ①과 ②를 넣어 넛메그, 소금, 후추로 양념한다.

③ 오븐에 구울 수 있는 작은 팬에 버터를 바르고 남겨 놓은 생감자를 얇고 둥글게 썰어 팬 위에 나오도록 돌려 담고 감자 ②를 속에 채운 후 위에 달걀노른자를 발라준다.

④ 오븐 온도 200℃에서 약 7분 굽는다.

# 감자 팬케이크

감자 200g, 양파 30g, 달걀 60g, 밀가루 40g, 설탕 10g,
· 베이킹파우더 10g, 실파 썬 것 5g, 버터 20g, 소금



① 감자와 양파는 껍질을 벗겨 강판에 곱게 갈아 놓는다.

② 밀가루와 베이킹파우더를 섞어 체에 2~3번 정도 쳐 걸러준다. 거품기로 달걀흰
자를 쳐서 거품을 낸다.

③ ①과 ②를 가볍게 섞고 실파 썬 것과 소금, 설탕을 넣는다.

④ 팬을 달구어 버터를 녹이고 ③의 반죽을 올려 앞뒤로 노릇노릇하게 굽는다.

# 11

# 감자 연어 라쟈나

큰 감자 200g, 연어 60g, 시금치 50g, 양파 10g, 마늘 5g,
버터 50g, 브랜디 조금, 레몬주스 조금, 소금, 후추



① 감자를 깎아 두께 약 0.2cm 넓이 감자모양으로 최대한 크게 잘라서 사용한다.
여기에 버터를 발라 오븐에 구워 준다.

② 양파와 마늘을 곱게 다진다. 연어를 다듬고 마늘과 양파를 볶다가 연어를 같이
볶아주면서 브랜디를 넣어 후람베 해준 뒤 레몬주스, 소금, 후추로 양념한다.

③ 시금치는 다듬어 씻어 마늘과 양파를 볶다가 같이 볶아 준다.

④ 익은 감자를 놓고 그 위에 연어를 놓고 다시 감자 놓고 하는 식으로 계속 올려
준다. 팬에 버터를 바르고 감자 라자냐를 놓아 오븐에 구워 준다.

⑤ 접시에 볶은 시금치를 담고 익힌 감자 라자냐를 놓고 주위에 생크림 소스를 곁
들여 준다.

## 생크림 소스



졸인 크림 200ml, 버터 30g, 졸인 백포도주 50ml, 양파 20g, 소금, 백후추 조금



① 팬에 버터를 넣고 다진 양파를 가볍게 볶아준다.

② 졸인 백포도주, 생크림을 ①에 넣어 조린 다음 체에 곱게 걸러준다.

③ 소금, 후추로 양념하여 맛을 내 준다. 필요하면 사프란을 넣어 색과 향을 내어준다.

감자 사이에 연어 외에 다양한 해물을 넣어 조리할 수 있다.

# 12

# 감자 스콘 치즈 튀김

감자 300g, 양파 40g, 당근 20g, 다진 파슬리 3g, 샐러리 30g, 소고기 50g,
토마토·페이스트 20g, 모짜렐라치즈 100g, 오레가노 3g, 달걀 60g,
밀가루 40g, 빵가루 50g, 버터 20g, 소금, 후추, 식용유



① 감자는 껍질을 벗겨 삶아 으깨어 놓는다.

② 양파, 샐러리, 곱게 갈은 소고기, 당근은 다져서 볶아 놓는다.

③ ①과 ②를 가볍게 섞고 버터, 다진 파슬리, 토마토 페이스트, 모짜렐라치즈, 오레

　가노, 소금, 후추를 넣는다.

④ 모양을 빚어서 밀가루, 달걀, 빵가루를 묻혀 놓는다.

⑤ 기름 온도 170℃에서 튀긴다. 건져서 보기 좋게 접시에 담는다.

# 감자 뇨끼에 토마토소스

감자 1kg, 모짜렐라치즈 40g, 밀가루 40g, 넛메그 2g. 파르메산치즈 50g,
토마토소스 500ml, 올리브유



① 감자는 잘 씻어 통째로 스팀에 삶아 껍질을 벗겨 으깨어 놓는다.

② ①에 밀가루, 소금, 넛메그, 모짜렐라치즈, 파르메산치즈를 넣어 가볍게 반죽을
해 준다.

③ 조금씩 떼어 포크로 모양을 내준다. 서로 붙지 않도록 밀가루를 가볍게 뿌려준다.

④ 모양을 빚어서 밀가루, 달걀, 빵가루를 묻혀 놓는다.

⑤ 기름 온도 170℃에서 튀긴다. 건져서 토마토소스를 부은 접시에 보기 좋게 담는다.

## 토마토 소스



토마토 홀 200g, 샐러드 오일 10ml, 양파 다진 것 20g, 마늘 5g,
드라이 바질 5g, 소금, 후추 약간



① 마늘과 양파를 다져 팬에 오일을 두르고 볶아준다.

② ①에 토마토 홀과 바질을 넣어 끓여준다.

③ 소금, 후추로 양념한다.

# 14

# 양념한 인디안 감자

작은 감자 1kg, 양파 50g, 생강 10g, 간 터메릭 5g, 간 큐민 3g,
푸른 청양고추 30g, 다진 고춧잎 또는 바질 3g, 올리브유 20ml



① 감자는 잘 씻어 통째로 스팀에 삶아 껍질을 벗겨 놓는다.

② 팬을 달구어 오일을 두르고 양파와 생강을 볶은 후 터메릭, 큐민을 넣어 섞어 준

후 감자를 넣어 약 5분 정도 은근히 익힌다.

③ 접시에 담고 청양고추, 고춧잎 다진 것 또는 바질 다진 것을 위에 뿌려준다.

# 감자 칼조네 피자

피자도우 : 밀가루 150g, 이스트 10g, 설딩 20g, 소금 10g, 찬물 70ml,
버터 25g, 식용유 10ml, 달걀 1개, 우유 50ml



감자 3개, 양송이 3개, 햄 20g, 피망 1/2개, 모짜렐라치즈 200g,
버터 약간, 토마토소스 70ml



① 재료1을 이용하여 피자 도우를 만들어 놓는다. 토마토 소스는 만들어진 것을 사용한다.

② 감자는 0.7cm 정도로 썰고 양송이 햄, 피망은 납작하게 썬다.

③ 팬에 버터를 바르고 피자도우를 깔고 소스를 얹고 감자, 모짜렐라치즈, 양송이, 피망, 햄을 넣고 반으로 접는다.

④ 달걀물을 붓으로 ③에 골고루 바르고 오븐온도 200℃에서 15분간 굽는다.

# 16

# 통감자 치즈구이

감자 300g, 모짜렐라치즈 30g, 표고버섯 30g,
당근 10g, 버터 약간, 소금



① 감자는 잘 씻어 통째로 오븐에 구워 낸다. 속을 파 놓는다.

② 버섯과 당근은 깨끗이 씻어 잘게 다져 팬에 버터를 녹여 볶아 놓는다.

③ ①과 ②를 섞어 소금양념을 하여 감자 껍질에 다시 채운다.

④ ③에 치즈를 올리고 오븐 온도 230℃에서 15분간 굽는다.

# 감자 스테이크

감자 400g, 베이컨 4줄, 소금 2g, 식용유 40ml,
토마토소스 60ml, 후추



① 감자는 잘 씻어 통째로 스팀에 삶아 껍질을 벗겨 으깨어 놓는다.

② 베이컨은 1cm길이로 잘라 기름 조금 두른 팬에 볶아 갈색이 나도록 하여 기름
기를 제거하여 놓는다.

③ ①과 ②를 섞어 소금, 후추 양념하여 4~5등분하여 햄버거스테이크처럼 만든다.

④ 프라이팬에 기름을 두르고 스테이크를 노릇노릇하게 굽는다.

⑤ 접시에 담고 토마토소스를 곁들인다. 기타 채소는 원하는 모양으로 만들어 삶거
나 볶아 곁들인다.

# 18

# 푸리지아풍의
# 감자빵으로 싼 돼지고기요리

감자 250g, 달걀노른자 40g, 물 380ml, 밀가루 650g, 생 이스트 10g,
올리브유 40ml, 페코리노치즈 30g, 우유 약간



돼지고기 750g, 다진 로즈마리 5g, 다진 세이지 5g, 다진 양파 100g,
다진 파슬리 20g, 소금 12g, 후추 조금



① 작은 감자는 잘 씻어 통째로 삶아 껍질을 벗겨 으깨어 이스트와 따뜻한 물을 넣는다. 그리고 따뜻한 상태에서 밀가루를 넣어 믹싱하고 뜨겁게 보관한다.

② 돼지고기를 사각으로 썰어 허브와 소금, 후추로 양념한다. 팬을 달구어 양파를 볶다가 허브와 양념을 넣고 물기가 없게 볶는다.

③ ①의 반죽을 밀어 펴서 돼지고기를 넣고 모양을 잡는다. 노른자에 우유를 넣어 달걀물을 만들어 반죽의 겉에 바른 후 오븐 온도 210℃에서 약 15분 정도 굽는다.

> **좀 더 쉽게 설명**
> 턴오버(turnover)란 송편처럼 싼 요리를 말하며, 이러한 요리로 이태리 요리에서 피자의 일종인 깔조네(calzoni)와 피젤레(pizzelle)가 있다. 판제로따(panzerotti)는 피자 도우를 사용하기도 하며, 필링으로 단순하게 앤초비 한 가지만 넣기도 하고, 살라미와 모짜렐라를 섞어 넣기도 한다.

# 19

# 감자 피클 샐러드

감자 200g, 양상추 10g, 건포도 15g, 오이피클 30g, 붉은 피망 40g,
샐러리 30g, 마요네즈 15g, 요구르트 10g



① 감자는 껍질을 벗겨 깍둑썰기하여 물에 담가 놓는다.

② 양상추는 씻어서 물기를 뺀다.

③ 건포도는 씻어서 건지고, 오이피클은 사방 2cm 크기로 썬다.

④ 피망은 씨를 뺀 후 피클과 같은 크기로 썰고, 샐러리는 섬유질을 벗겨 어슷하게 썬다.

⑤ 모든 재료를 섞어 마요네즈와 요구르트를 넣어 무치고 접시에 양상추를 깔고 담는다.

# 20

# 감자 옥수수 샐러드

감자 200g, 건포도 10g, 양상추 10g, 옥수수통조림 80g,
토마토 작은 것 50g, 올리브 10g



우유 20ml, 마요네즈 100g, 다진 파슬리 3g



① 감자는 잘 씻어 통째로 삶고 껍질을 벗겨 으깨어 놓는다.

② 옥수수는 체에 밭쳐 즙은 버리고 옥수수 알만 건져 ①에 넣는다. 양상추는 씻어
서 물기를 뺀다.

③ 고루 섞은 건포도는 씻어서 건져 물기를 제거하고, 오이피클은 사방 2cm 크기
로 썬다.

④ 모든 재료를 섞은 후 무치고 접시에 양상추를 깐 후 담는다.

# 감자 브로콜리 구이

감자 200g, 피자치즈 50g, 새우 3마리, 브로콜리 30g, 양상추 10g,
치커리 5g, 체리토마토 10g, 소금



① 감자는 잘 씻어 통째로 찜통에 쪄낸 후 윗부분을 일부는 잘라내고 속을 약간 파낸다.

② 브로콜리는 한입 크기로 잘라 소금물에 데쳐낸다. 치커리, 체리토마토, 양상추는 씻어서 물기를 뺀 후 먹기 좋게 뜯고 토마토는 1/4로 자른다.

③ 피자치즈는 곱게 다진다. 파놓은 감자에 브로콜리, 새우를 채우고 남은 감자로 덮은 후 위에 치즈를 얹어 오븐에 구워낸다.

④ 접시에 구운 감자를 놓고 치커리, 체리토마토 및 각종 샐러드를 곁들여낸다.

# 감자 소고기 치즈볶음

감자 150g, 피자치즈 120g, 소고기불고기 50g



① 감자는 잘 씻어 채를 썰어 가볍게 볶아 놓는다.

② 불고기는 잘게 다져 팬에 볶는다.

③ 접시에 ①과 ②를 넣고 피자치즈를 올려 오븐이나 살라만더에 색을 내어준다.

# 감자 양파 그라탕

감자 150g, 참치통조림 80g, 양파 80g, 생크림 80ml,
버터 10g, 피자치즈 5g



① 감자는 잘 씻어 채를 썰어 가볍게 볶아 놓는다. 양파는 채 썰어 놓는다.

② 통조림은 기름기를 제거하여 놓는다.

③ 깊이 있는 팬에 버터를 바르고 ①과 ②와 생크림을 넣고 피자치즈를 올려 오븐

이나 렌지에 치즈를 녹여 낸다.

# 24

# 감자 오믈렛

달걀 150g, 감자 50g, 햄 30g 또는 베이컨, 식용유



① 감자는 잘 씻어 껍질 벗겨 작은 사각으로 잘라 살짝 볶아준다. 햄 또는 베이컨을 작은 사각으로 썰어 놓는다.

② 달걀은 깨뜨려 잘 풀어 놓는다.

③ 팬을 달구어 오일을 두르고 ①과 ②를 넣은 후 부드러워질 때까지 익히다가 말아준다.

# 감자 치즈전

슬라이스 치즈 3장, 감자 1개, 소금, 파슬리 약간



① 감자는 잘 씻어 곱게 채 썬 후 소금을 뿌려 20분 정도 둔다.

② 치즈는 반으로 잘라 겹쳐 0.2cm두께로 썬다.

③ 팬을 달구어 오일을 두르고 ①을 넣고 앞뒤로 노릇하게 지진 후 위에 치즈와 파
슬리를 얹는다.

**• 재료 •**

정종 150㎖, 피자치즈 50g, 통감자 300g,
파인애플과 각종 과일 50g, 소금, 파슬리 약간, 버터 약간

**• 만드는 방법 •**

① 감자는 잘 씻어 정종과 소금으로 통째로 삶아 놓는다.

② 삶은 감자를 통째로 약간 두껍게 썬 후 그릴 팬에 버터를 녹이고 올린다.

③ 감자 위에 과일을 올리고 치즈를 올려 녹여서 바로 내놓는다.

④ 마요네즈에 물엿을 섞어 위에 뿌려 주기도 한다.

# 27

# 노끼가 들어간 미네스트롱 수프

토마토페이스트 70g, 닭 육수 1L, 베이컨 50g, 양배추 70g, 양파 70g,
당근 30g, 샐러리 30g, 양송이 25g, 표고버섯 25g, 뇨끼 30g,
모짜렐라치즈 20g, 바질 1잎, 소금, 파르메산치즈 5g



① 모든 재료는 잘 씻어 약 0.5cm의 사각으로 썬다. 바질은 다져 놓는다.

② 팬을 달군 후 불을 약하게 하여 베이컨을 올려 바삭하게 볶는다.

③ ②에 토마토 페이스트를 넣어 볶는다. 채소는 따로 소금 양념하여 볶아준다

④ 볼에 닭 육수를 담아 볶은 재료를 넣고 끓여준다. 뇨끼를 익혀서 같이 담아 내준다.

⑤ 치즈가루 혹은 간 후레쉬 치즈와 다진 바질을 올려준다.

# 감자 퀴치

• 재료 1 •

파이반죽 : 중력분 100g, 감자가루 100g, 버터 80g, 달걀 노른자 1개(약 16g),
차가운 우유 45ml, 소금 1.5g

• 재료 2 •

속재료 : 양파 60g, 감자 120g, 양송이 30g, 표고버섯 30g, 베이컨 25g,
달걀 1개, 생크림 100ml, 바질 2g, 소금, 후추 약간, 파르메산치즈 20g, 시금치 20g

## ❧ 파이 반죽 ❧

① 모든 재료는 계량하여 놓는다.

② 중력분과 감자가루는 체에 쳐서 곱게 만들어 놓는다.

③ 버터를 작은 사각으로 자른다. 그 사이 버터가 흐물흐물해진다.

④ 볼에 ②를 우물처럼 만들고 가운데 우유, 달걀 1개, 버터, 소금을 넣어 같이 반죽
하여 준다. 반죽을 랩으로 싸서 냉장고에 1시간 휴지시킨다.

⑤ 휴지된 반죽을 3~5mm로 밀어 편 후 지름 20cm 정도의 파이 팬에 버터를 바
르고 반죽을 깔아준다.

⑥ 파이 팬 밖으로 나온 것은 스크래퍼로 자른다.

## ❧ 속 재료 ❧

① 감자는 잘 씻어 껍질을 벗겨 반으로 자른 후 두께 약 0.1mm의 반달 모양으로
썬다.

② 양파는 껍질을 벗겨 반으로 자른 후 채 썬다. 표고버섯, 양송이, 베이컨도 채 썰
어 팬에 오일을 두르고 볶아 놓는다.

③ 시금치는 다듬어 살짝 데쳐 물기를 제거하여 듬성듬성 자른다.

## Custard용 달걀물

① 달걀과 생크림을 섞어 체에 거른다.

② ①에 바질과 소금, 후추 간을 한다.

## 최종 퀴치

① 오븐을 170℃로 예열해 둔다.

② 파이반죽 위에 볶은 감자, 양파, 양송이, 표고 버섯, 시금치, 베이컨을 보기 좋게 놓는다.

③ Custard용 달걀물을 ②의 파이반죽에 3/4정도 붓는다.

④ 파르메산치즈를 부드럽게 다져서 올린다.

⑤ 170℃에서 20~25분 갈색이 날 때까지 굽는다.

# 29

# 감자 구이

감자 500g, 양파 100g, 베이컨 50g, 식용유, 버터 약간



① 감자를 껍질째 잘 씻어 물에 50분 정도 삶아 식혀서 껍질을 벗긴다.

② 껍질을 벗긴 감자를 4등분으로 잘라서 0.5cm 두께로 썬다.

③ 팬에 식용유를 두르고 베이컨을 볶다가 양파를 볶은 다음 감자를 볶는다.

④ 작은 틀에 버터를 바르고 볶은 감자와 양파를 꾹꾹 채워 오븐에 구워 낸다.

⑤ 모양 있게 엎어 낸다.

# 감자 바스켓

감자 300g, 식용유



① 감자를 껍질째 잘 씻어 만돌린에 지그재그로 썰어 벌집처럼 만든다.

② 망에 둥그렇게 놓고 위를 눌러 기름에 튀겨 바스켓으로 만든다.

# 하젤백 감자구이

감자 400g, 베이컨 50g, 체다치즈 100g, 빵가루 50g,
버터 20g, 치킨스톡 100㎖



① 감자를 껍질을 벗겨 모양을 잡아 놓는다.

② 베이컨을 다져놓고 치즈도 갈아 놓는다.

③ 팬에 치킨스톡과 버터를 넣고 감자를 올려 오븐에 약 20분 익히다가 꺼내 감자에

칼집을 골고루 넣고 위에 베이컨과 치즈, 빵가루를 뿌려 오븐에서 더 구워낸다.

# 32

# 연어알 채운 감자

**· 재료 ·**

감자 200g, 생선스톡 200ml, 사워크림 150ml, 연어 알 30g

**· 만드는 방법 ·**

① 감자는 껍질을 벗겨 럭비공 모양으로 깎아 양쪽을 자르고 한쪽을 조금 파낸다.

② 높이 있는 팬에 스톡을 넣고 감자를 세워 놓은 후 호일로 덮어 오븐에 약 30분

정도 익힌다.

③ 꺼내어 크림과 연어 알을 얹는다.

# 빵가루 얹어 구운 감자

감자 500g, 치킨스톡 100ml, 빵가루 50g, 버터 20g,
파르메산치즈 또는 체다치즈 약간, 사워크림 100ml



① 감자를 껍질을 벗겨 보기 좋은 모양으로 깎고 칼집을 고르게 넣어 놓는다.

② 높이 있는 팬에 스톡과 버터를 넣고 감자를 세워 놓은 후 호일로 덮어 오븐 온

도 201℃에서 약 20분 익힌다.

③ 꺼내어 위에 치즈와 빵가루를 얹어 호일을 벗기고 오븐에서 색을 낸다.

④ 익은 감자와 사워크림을 같이 내준다.

## 응용: 데미그라스 소스 얹어 구운 감자

34

# 감자피자

피자 도우 : 밀가루 150g, 드라이이스트 5g, 설탕 20g, 소금 10g, 찬물 70ml,
버터 25g, 식용유 10ml, 달걀 60g, 우유 50ml



감자 300g, 베이컨 50g, 양송이 3개, 스위스 또는 체다치즈 100g. 버터 약간, 소금



① 재료 1을 이용하여 피자 도우를 만들어 놓는다.

② 감자, 양송이, 베이컨은 약 1cm 정도로 납작하게 썬다.

③ 팬에 버터를 바르고 피자 도우를 깔고, 팬을 달구어 베이컨을 볶다가 감자와 양

  송이를 볶아 도우에 놓고 치즈를 얹은 후 도우로 위를 덮는다.

④ 달걀물을 붓으로 ③에 바르고 오븐 온도 200℃에서 20분간 굽는다.

# 감자채 팬케익

감자 300g, 정제버터 약간, 소금 5g, 파슬리



① 감자를 껍질을 벗겨 성냥개비 모양으로 썬다.

② 팬에 정제버터를 조금만 가볍게 두르고 약 150g씩 팬에 넣어 앞뒤로 노릇하게 굽는다.

③ 필요시 파슬리로 장식한다.

# 감자 모양 내 굽기

감자 300g, 정제버터 50ml



① 감자를 껍질을 벗겨 둥근 모양대로 얇게 썬다.

② 팬에 정제버터를 조금만 가볍게 두르고 감자를 링 모양으로 보기 좋게 놓은 후

노릇노릇하게 굽는다.

37
감자 또띨라

감자 400g, 양파 100g, 오일 100ml



① 감자는 껍질을 벗겨 사각으로 썰어 오일을 묻힌 후 오븐 온도 200℃에 약 10분

　 정도 굽는다.

② 양파를 얇게 원형으로 썰어 팬에 오일을 조금만 가볍게 두르고 양파를 익힌 후

　 익힌 감자를 양파 위에 놓는다.

③ 양파 일부를 다져서 위에 뿌린 뒤 다시 오븐에서 노릇노릇하게 굽는다.

# 38

# 감자 타르트

감자 250g, 달걀노른자 120g, 타르트 반죽 혹은 구운 타르트 4개, 넛메그 1g,
우유 50㎖, 버터 15g, 양파 1/2개, 베이컨 100g, 틸지트 치즈가루 50g

• 만드는 방법 •

① 감자는 껍질을 벗겨 삶아 으깨어 놓는다.

② 팬을 달구어 버터를 녹인 후 양파, 베이컨을 볶는다.

③ 타르트 반죽 속에 양파, 베이컨, 넛메그, 우유, 치즈가루를 넣고 여기에 으깬 감

　자를 섞는다.

④ 짤주머니에 깍지를 끼고 ③을 넣은 후 타르트 위에 짜준다.

⑤ 달걀노른자를 붓으로 칠한 후 오븐을 230℃로 예열하여 7분 정도 굽는다.

※ 구운 타르트를 구입해서 사용 가능

# 포테이토 스킨

**· 재료 1 ·**

감자 400g, 밀가루 50g, 달걀 120g, 파르메산치즈가루 30g,
케이엔페퍼 가루 10g, 빵가루200g, 소금

**· 재료 2 ·**

사워크림 소스 : 사워크림 50ml, 생크림 15ml, 흰 후추, 실파 3g, 소금, 후추

**· 만드는 방법 ·**

① 감자는 껍질을 잘 씻어 두껍게 깎아 찜통에 약 20분 찌거나 아니면 삶아서 소금
을 뿌려 놓는다.

② 밀가루에 케이엔페퍼 가루, 파르메산치즈가루, 소금을 섞어 감자에 밀가루, 달걀
물, 빵가루 순으로 묻힌다.

③ 사워크람, 생크림, 흰 후추, 실파, 소금, 후추를 볼에 넣어 섞어 놓는다.

④ 기름 온도 170℃에서 약 5분간 노릇노릇하게 튀겨낸다. ③의 샤워크림 드레싱을
곁들여 낸다.

# 양파 감자 크러스트

양파 150g, 푸른 통후추 30g, 감자 150g, 모듬 허브 3g,
버터 20g, 생크림 30ml, 소금



① 감자는 껍질을 잘 씻어 찜통에 약 30분 푹 찐 다음 꺼내 체에 걸러 놓는다.

② 양파는 작은 사각으로 잘라서 약한 불에서 은근히 오래 볶는다. 오래 볶으면 단

맛이 난다.

③ 볼에 ①의 감자와 ②를 넣으면서 생크림과 버터, 소금, 통후추를 넣어 맛과 색을

낸다.

④ 허브를 다져서 같이 섞어 사용한다.

41

# 찬 감자 수프

감자 200g, 양파 10g, 대파 10g, 닭국물 200ml, 우유 100ml, 생크림 10ml. 식용유

## 만드는 방법

① 감자는 껍질을 벗겨 사각으로 썰어 놓는다. 양파, 대파도 썰어 놓는다.

② 팬을 달구어 양파, 대파를 살짝 볶다가 감자를 넣어 같이 가볍게 볶으면서 양념

하고 육수를 넣고 끓여 준다.

③ 믹서기에 갈아서 다시 한 번 끓인 뒤 식혀서 우유와 생크림을 넣고 농도와 맛을

조절하여 낸다.

# 42

# 감자 옥수수 수프

감자 2개, 베이컨 30g, 치킨스톡 300ml, 양파 10g, 캔옥수수 100g,
우유 100ml, 생크림 10ml, 식용유



① 감자는 껍질을 벗겨 사각으로 썰어 놓는다. 베이컨, 양파도 썰어 놓는다.

② 팬을 달구어 베이컨, 양파 순으로 볶다가 감자를 넣어 같이 가볍게 볶으면서 양
념하고 육수를 넣어 끓여 준다.

③ ②에 옥수수와 우유와 생크림을 넣어 끓이면서 농도와 맛을 조절하여 낸다.

# 안나 포테이토 샌드위치

식빵 3pc, 큰 감자 150g, 베이컨 30g, 양파 50g, 브로콜리 50g, 버터, 소금, 후추



① 감자는 껍질을 벗겨 얇게 썰어 놓는다.  베이컨, 양파도 썰어 놓는다.

② 브로콜리는 데치고 식빵은 노릇하게 구워 놓는다.

③ 팬을 달구어 약간의 버터를 녹이고 베이컨, 양파 순으로 볶다가 감자를 넣어 같이 볶으면서 데친 브로콜리를 넣는다. 여기에 소금, 후추로 양념한다.

④ 구운 식빵에 ③을 넣고 겹친다. 원하는 모양으로 잘라서 놓는다.

# 44

# 감자 샐러드 샌드위치

식빵 3pc, 큰 감자 150g, 캔옥수수 20g, 양파 50g,
마요네즈 50ml, 양상추 1잎, 머스터드 10g, 소금, 후추



① 감자는 껍질을 벗겨 삶아 놓는다. 양파는 다져 놓는다.

② 익은 감자를 고운체에 내려놓는다. 식빵은 노릇하게 구워 놓는다.

③ 볼에 감자를 넣고 캔옥수수, 양파, 마요네즈, 머스터드를 넣고 소금, 후추로 양념하

여 무친다.

④ 구운 식빵에 양상추를 깔고 ③을 넣고 겹친다. 원하는 모양으로 잘라서 놓는다.

샌드위치는 원하는 모양으로 썰어 다양한 빵을 사용할 수 있다.

# 기본 매쉬 포테이토와 응용

| 기본 | 추가<br>재료 | 파생된<br>매쉬 | 조리 응용 |
| --- | --- | --- | --- |
| **· 재료 ·**<br><br>감자, 우유, 버터, 넛메그,<br>소금 약간 | 강낭콩 | 강낭콩 매쉬 | 찬, 가니쉬, 육류요리,<br>생선요리 등 |
| | 마늘 | 마늘 매쉬 | 찬, 가니쉬, 육류요리,<br>생선요리 등 |
| | 브로콜리 | 브로콜리 매쉬 | 찬, 가니쉬, 육류요리,<br>생선요리 등 |
| **· 만드는 방법 ·**<br><br>① 감자를 잘 씻어 물에 50<br>분 정도 삶거나 쪄서 식<br>혀서 껍질을 벗기고 으<br>깬다.<br>② 우유와 버터, 넛메그, 소<br>금을 넣어 끓인 후 ①을<br>넣어 섞어 준다. | 새우살 | 새우 매쉬 | 찬, 가니쉬, 육류요리,<br>생선요리 등 |
| | 샤프런 | 샤프런 매쉬 | 찬, 가니쉬, 육류요리,<br>생선요리 등 |
| | 푸른 통후추 | 그린 후추 매쉬 | 찬, 가니쉬, 육류요리,<br>생선요리 등 |
| | 삶은 호박 | 감자 호박 퓌레 | 찬, 가니쉬, 육류요리,<br>생선요리 등 |

위와 같이 기본에 다른 재료를 넣어 다양한 요리를 만들어 낼 수 있다.

# 46

# 감자볶음 기본과 응용

| 기본 | 추가<br>재료 | 파생된<br>매쉬 | 조리 응용 |
|---|---|---|---|
| **• 재료 •**<br><br>감자1kg, 우유200ml,<br>버터50g, 넛메그2g, 소금 | 양파 50g | 리용풍<br>감자볶음 | 찬, 샐러드, 가니쉬,<br>육류요리, 생선요리 등 |
| | 다진 마늘<br>다진 파슬리 | 프로방스풍<br>감자볶음 | 찬, 샐러드, 가니쉬,<br>육류요리, 생선요리 등 |
| **• 만드는 방법 •**<br><br>① 감자를 잘 씻어 껍질을<br>벗겨 동전 모양으로 썬다.<br>② 팬을 달구어 버터를 두<br>르고 감자를 볶다가 양<br>파 등 추가 재료를 같이<br>오래 볶아주며 넛메그와<br>소금으로 양념한다. | 껍질 벗긴 청,<br>홍피망 | 콜롬비아풍<br>감자볶음 | 찬, 샐러드, 가니쉬,<br>육류요리, 생선요리 등 |
| | 각종 송이<br>다진 마늘<br>다진 파슬리 | 양송이<br>감자볶음 | 찬, 샐러드, 가니쉬,<br>육류요리, 생선요리 등 |

위와 같이 기본 감자볶음에 다른 재료를 넣어
다양한 요리를 만들어 낼 수 있다.

# IV

# 가니쉬용 감자요리

# 안나 포테이토
### (Anna Potato)

※ 감자의 껍질을 제거한 뒤 지름 2.5cm, 두께 0.2cm 정도로 썰어 기름에 살짝 튀
겨낸 뒤, 원형 틀에 감자를 돌려가며 겹겹이 쌓아 모양을 만들고, 오븐에 갈색이
나도록 익혀낸다.

※ 육류요리에 많이 사용한다.

# 베이크드 포테이토
## (Baked Potato)

※ 깨끗이 씻은 통감자에 소금을 뿌리고 쿠킹호일로 감싼 후, 200℃의 오븐에서 40~50분 익힌다. 감자에 십자 형태로 칼집을 내고 사워크림과 다진 차이브, 볶은 베이컨을 올린다.

※ 육류, 가금류 등의 요리에 곁들임으로 이용

# 크로켓 포테이토
## (Croquette Potato)

※ 감자를 통째로 삶아 껍질을 제거한 후 소금, 후추, 달걀노른자, 넛메그를 넣어 섞은 뒤 적당한 크기로 만들어 밀가루, 달걀, 빵가루를 입혀서 튀겨낸다.

※ 육류 및 가금류 요리에 사용

04

# 윌리암 포테이토
## (Williams Potato)

※ 크로켓 감자에 꼭지 모양을 만든 뒤 꼭지 끝에 버미셀리 국수를 5cm 길이로 잘라 꽂아준다. 냉장고에서 30분 이상 굳힌 뒤 200℃의 기름에 갈색으로 튀겨낸다.

※ 육류요리에 주로 사용한다.

# 05

# 알루메뜨 포테이토
## (Allumette Potato)

※ 감자를 성냥개비 크기로 썰어서 소금을 넣은 끓는 물에 살짝 데친 후 기름에 튀겨낸다.

※ 샌드위치나 육류요리에 가니쉬로 사용한다.

# 포테이토 칩(Chips Potato)

※ 감자의 껍질을 벗긴 뒤 1mm 두께로 슬라이스한다. 물에 담갔다 건져 물기를 제
거한 뒤 기름에 갈색으로 튀겨내어 소금으로 간을 한다.

※ 샌드위치나 육류요리의 가니쉬로 사용한다.

# 파르멘티에 포테이토
## (Parmentier Potato)

※ 1.3cm의 주사위 모양으로 감자를 잘라 기름에 튀겨낸다. 기름기를 제거하여 오븐
　에 구워낸 뒤 버터를 바르고 다진 파슬리를 뿌려준다.

※ 육류요리의 가니쉬로 사용한다.

08

# 퐁 느프 포테이토

(Pont-Neuf Potato)

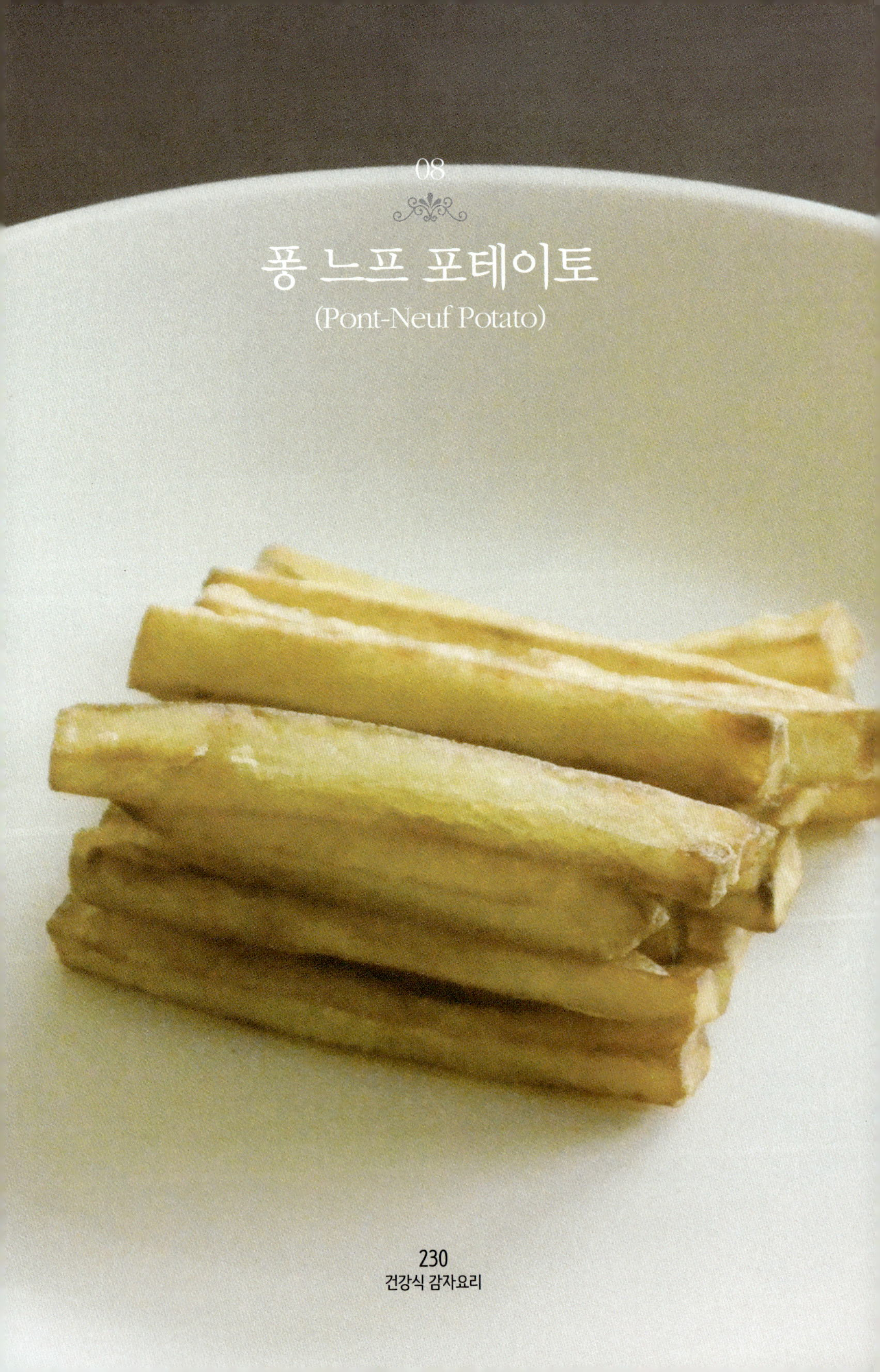

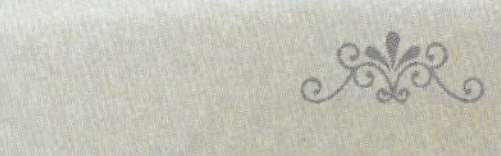

※ 감자를 길이 6cm, 두께 0.6×0.6cm 크기로 잘라 물에 살짝 삶은 뒤 기름에 튀겨 내어 소금으로 간을 한다.

※ 샌드위치나 육류요리에 가니쉬로 사용한다.


가니쉬용 감자요리

# 09

# 샤또 포테이토
## (Chateau Potato)

※ 감자를 5cm 길이의 럭비공 모양으로 만들어 삶은 후 튀기거나 버터에 볶아준다.

※ 육류요리에 주로 사용한다.

# 10

# 프렌치 프라이 포테이토
## (French Fry Potato)

※ 감자를 길이 6cm, 굵기 1cm×1cm 정도로 썰어 물에 담가두었다가, 물기를 제거
　한 뒤 기름에 갈색으로 튀겨낸다.

※ 샌드위치나 육류요리의 가니쉬로 사용한다.

# 퐁당뜨 포테이토
## (Fondante Potato)

※ 샤또 포테이토와 같은 모양이지만 약간 더 크고 굵게 만든 다음 팬에 버터와 스톡을 넣고 오븐에 구워낸다.

※ 육류 및 가금류 요리에 주로 사용한다.


가니쉬용 감자요리

# 올리베뜨 포테이토
## (Olivette Potato)

※ 감자의 껍질을 벗긴 후 올리브 모양으로 양 끝이 뾰족하도록 모양을 낸 뒤 버터를 발라 오븐에 굽거나, 삶은 뒤 튀겨낸다.

※ 생선요리에 사용할 때는 삶아내고, 육류나 가금류에는 튀겨서 사용한다.


가니쉬용 감자요리

13
웨지 스킨 포테이토
(Wedge Skin Potato)
240
건강식 감자요리

※ 감자를 통째로 삶은 뒤 웨지형태로 잘라 케이준 향료와 소금, 후추로 간을 한 밀
가루를 묻혀 튀겨낸다.

※ 육류 및 가금류 요리에 사용한다.


가니쉬용 감자요리

# 14

# 맥심 포테이토
## (Maxim Potato)

※ 감자를 가로세로 2cm의 주사위 형태로 썰어서 살짝 삶아낸 후 기름에 튀겨준다.

※ 육류나 가금류에 주로 사용하며, 삶아서 생선요리에 사용하기도 한다.

# 파리지엥 포테이토
## (Parisienne Potato)

※ 껍질을 벗겨낸 뒤 볼 커터를 이용하여 구슬모양으로 감자를 파낸다. 버터를 발라
오븐에 굽거나, 삶은 뒤 기름에 튀겨 사용한다.

※ 육류나 가금류 요리에 사용한다.


가니쉬용 감자요리

# 와플 포테이토
## (Waffle Potato)

※ 감자의 껍질을 벗겨낸 뒤 슬라이서에 두 번 밀어서 그물 모양으로 썬 후 기름에 튀겨내 간을 한다.

※ 샌드위치나 육류요리의 가니쉬로 사용한다.

# 해쉬 브라운 포테이토
## (Hash Brown Potato)

※ 감자를 삶아서 완전히 익힌 후 껍질을 벗겨 강판에 갈아준다. 여기에 달걀, 우유, 소금을 넣고 지름 4~5cm 정도, 두께 1cm로 만들어 버터를 두른 팬에 갈색으로 구워낸다.

※ 조식에 달걀요리와 함께 제공한다.


가니쉬용 감자요리

18

베르니 포테이토
(Berny Potato)

※ 크로켓 감자를 지름 3cm 정도의 공 모양으로 만든 뒤 달걀과 다진 아몬드를 입
혀 튀겨낸다.

※ 육류 및 가금류 요리에 사용한다.

# 로레테 포테이토
## (Lorette Potato)

※ 크로켓 감자에 치즈가루를 섞어준 뒤 적당한 크기의 바나나 모양으로 만든다. 냉장고에서 30분 이상 굳힌 다음 기름에 튀겨낸다.

※ 육류 및 가금류 요리에 사용한다.


가니쉬용 감자요리

# 감자 비늘 모양 만들기

**· 재료 ·**

감자 200g, 정제버터, 소금

**· 만드는 방법 ·**

① 감자를 껍질째 잘 씻어 길고 얇게 자른다. 정제버터를 만들어 놓는다.

② 감자를 집게손가락 크기로 길고 둥글게 깎아 얇게 썰어서 버터에 볶으면서 소금

으로 양념하여 볶아 놓는다.

③ 조리하고 싶은 고기 또는 생선을 색을 내어 그 위에 볶아놓은 감자를 생선비늘

모양으로 겹쳐 가지런히 놓는다.

④ 오븐에 색이 노릇노릇할 정도로 구워 낸다.



가니쉬용 감자요리

# 21

# 감자 크리스피

감자 300g, 정제버터, 쿠킹호일



① 감자를 껍질째 잘 씻어 길고 얇게 자른다. 정제버터를 만들어 놓는다.

② 팬에 쿠킹호일을 깔고 위에 감자를 놓고 다시 버터를 바르고 다시 호일을 싸고
위에 무거운 판을 놓아 오븐에 넣어 굽는다. 황금색으로 만든다.

* 감자를 링으로 자르고 중간에 트러플 등을 얇게 썰어 넣어 위와 같은 방법으로
구워 사용하기도 한다.

Master Chef
Lee Hwng Bok

# V

# 채소 등
# 간단 요리

01

# 가지 캐비어

가지 1.2kg, 샤롯 100g, 소금 10g, 올리브오일 100ml,
검은 통후추 5g, 레몬주스 10ml



① 가지를 사각으로 썰어 색이 변하기 전 바로 끓여 물기를 제거한다.

② 팬을 달구어 오일을 두르고 샤롯을 볶은 다음 가지를 넣어 물기가 없어질 때까지 볶는다.

③ 통후추를 으깨어 넣고 소금과 레몬주스로 양념한다.

02
감자 뇨끼

감자 200g, 밀가루 40g, 파르메산치즈 20g, 달걀노른자 30g, 버터 10g,
넛메그, 소금, 로즈마리, 샤롯, 타임, 아루굴라



① 감자를 삶아 껍질을 벗겨 으깬다. 감자와 밀가루 비율은 3:1이 좋다.

② 으깬 감자에 밀가루, 파르메산치즈, 달걀노른자 1개, 버터, 넛메그, 소금을 섞어

가볍게 반죽한다. 밀가루의 일부를 남긴다.

③ 모양을 만들어 포크로 원하는 모양을 만들어 놓는다.

④ 팬에 버터를 녹이고 ③을 앞뒤로 구워낸다.

⑤ 로즈마리, 샤롯, 타임, 아루굴라도 볶아서 같이 곁들인다.

# 03

# 당근 퓌레

당근 1kg, 버터 50g, 생크림 50ml, 소금, 설탕



① 당근은 껍질을 가볍게 벗겨 썰어 소금을 넣어 스팀에 찌거나 삶아준다

② 체에 곱게 걸러서 깊은 요리용 소스 팬에 담고 다시 불에 올려 은근히 졸여 되
직하게 한다.

③ 생크림과 버터를 넣고 은근히 졸여 되직하게 하면서 간을 맞춘다.

| 기본 | 추가<br>재료 | 파생된<br>요리 | 만드는 방법 | 조리<br>응용 |
|---|---|---|---|---|
| 당근<br>퓌레<br>1kg | 쌀200g,<br>버터30g,<br>생크림 50ml | 쌀당근<br>퓌레 | ① 쌀을 삶아서 분쇄기에 곱게 갈아준다.<br>② 당근퓌레와 섞어 불에서 졸여준다.<br>③ 생크림과 버터를 넣고 은근히 졸여 되직하<br>게 하면서 간을 맞춘다. | 찬,<br>샐러드,<br>가니쉬,<br>육류<br>요리,<br>생선<br>요리<br>등 |
| | 달걀60g,<br>달걀<br>노른자120g,<br>생크림80ml,<br>버터 30g,<br>소금, 후추 | 당근<br>파이 | ① 달걀 1개, 달걀 노른자 4개, 생크림 80ml,<br>소금, 후추, 당근 퓌레를 모두 잘 섞어준다.<br>② 타틀렛에 버터를 바르고 ①을 담는다.<br>③ 위에 장식용 당근을 익혀 놓는다.<br>④ 오븐 온도 200℃에서 약 7분 굽는다. | |
| | 달걀250g,<br>달걀<br>노른자30g,<br>생크림80ml,<br>버터30g,<br>크림소스,<br>소금, 후추 | 당근<br>플랑 | ① 달걀 4개, 달걀노른자 2개, 생크림 80ml,<br>소금, 후추, 당근 퓌레를 모두 잘 섞어준다.<br>② 파이렉스에 버터를 바르고 ①을 담은 후<br>쿠킹호일로 덮는다.<br>③ 오븐 온도 200℃에서 중탕으로 약 35분<br>찐다.<br>④ 꺼내어 약간 식으면 엎어서 접시에 담고<br>소스를 곁들인다. | |

# 04

# 모듬 버섯 볶음

다진 양파 50g, 양송이 100g, 표고버섯 100g, 새송이 100g,
올리브오일 20ml, 로즈마리, 타임, 마늘, 백포도주, 소금, 후추

· 만드는 방법 ·

① 버섯은 이물질 등을 제거하여 사각 또는 원하는 모양으로 자른다.

② 팬에 오일을 두르고 양파와 마늘을 넣고 볶다가 버섯을 넣어 볶아준다.

③ 로즈마리와 타임을 넣어 같이 볶다가 백포도주를 넣어 조리면서 소금, 후추로

　　양념한다.

## ❖ 응용 : 양송이 듁셀 ❖

· 재료 ·

양송이 1kg, 올리브유 30ml, 양파 다진 것 100g,
후레쉬 타임, 후레쉬 로즈마리, 소금

· 만드는 방법 ·

① 양파와 송이를 작은 사각으로 다지듯 썰어 놓는다.

② 팬을 달구어 오일을 두르고 양파를 볶다가 송이를

　　볶으면서 물기가 없도록 볶아 준다.

③ 허브를 다져 같이 넣어주고 소금으로 간을 하여 원하는 요리에 사용한다.

# 렌틸 샐러드

270
건강식 감자요리

렌틸콩 100g, 치킨스톡 200ml, 체리토마토 1개, 허브 잎 1장, 양파 20g,

붉은 피망 10g, 푸른 피망 10g, 오일 비네그렛(123p 제조방법 참고) 80ml



① 렌틸콩을 미리 물에 불렸다가 치킨스톡에 약 30분 끓인다.

② 양파, 피망은 작은 사각으로 썰어 놓는다. 토마토는 데쳐서 껍질 벗겨 감자의 크

기로 썬다.

③ 볼에 ①과 ②를 넣어 오일 비네그렛으로 버무려 접시에 담고 허브 잎을 올려준다.

06
시금치 조림

시금치 1kg, 버터 30g, 생크림 60ml, 베샤멜소스 60ml, 넛메그 2g,
파르메산치즈 50g, 소금, 후추



① 시금치를 다듬어 놓는다.

② 팬에 생크림을 넣어 졸이고 베샤멜소스를 넣어 은근히 끓이면서 넛메그, 파르메
산치즈를 넣고 끈적한 농도가 될 때까지 졸인다.

③ 팬을 달구어 버터를 녹이고 시금치를 재빨리 볶은 다음 ②를 넣고 소금과 후추
로 양념하여 내준다.

# 07

# 아스파라거스 볶음

아스파라거스 6pcs, 닭국물 10ml, 생크림 50ml, 우유 50ml,
· 파르메산치즈 50g, 버터 20g, 개암 30g, 소금, 후추



① 아스파라거스를 다듬어 끓는 물에 살짝 데친다.

② 팬에 버터를 녹여 닭국물, 생크림, 우유를 넣어 졸인다.

③ 개암을 으깨어 팬을 달구어 볶아 놓는다.

④ 버터를 녹이고 아스파라거스를 재빨리 볶은 다음 소금과 후추를 넣고 약간 긴

오목볼에 담는다.

⑤ ④에 ②와 ③을 넣고 위에 치즈 뿌려 살라만더에 색을 내어 내준다.

# 알감자 구이

작은 감자 200g, 통마늘 30g, 후레쉬 로즈마리 5g, 후레쉬 타임 3g,
후레쉬 오레가노 3g, 다진 파슬리 5g, 올리브오일 50ml, 버터, 소금, 후추



① 감자를 삶아 껍질을 벗겨 놓는다. 파슬리는 다져 놓는다.

② 허브는 씻어 놓는다. 통마늘은 밑 검은 부분을 제거한다.

③ 팬에 오일을 두르고 감자와 마늘을 노릇하게 굽는다. 아니면 오일을 묻혀 오븐에
굽는다.

④ 팬에 버터를 녹이고 후레쉬 로즈마리 2잎, 후레쉬 타임, 후레쉬 오레가노를 볶다
가 ③을 넣고 같이 섞어 볶아준다.

⑤ 다진 파슬리, 소금, 후추로 마무리한다.

# 양파 적포도주 조림

양파 1.5kg, 적포도주 800ml, 식초 300ml, 소금 30g, 월계수 잎 2pc



① 양파 껍질을 벗겨 썰어 놓는다.

② 재료를 모두 볼에 넣고 끓이다가 한번 끓으면 불을 줄여 은근히 졸인다.

③ 식혀서 냉장고에 넣는다. 각종 요리에 사용해도 좋고 매일 조금씩 먹으면 몸에 좋다.

# 엉겅퀴 볶음

캔 엉겅퀴 500g, 방울토마토 50g, 검은 올리브 50g, 초록 올리브 50g,
올리브오일 20ml, 비네가 오일 100ml, 후레쉬 로즈마리 2잎, 후레쉬 타임,
후레쉬 오레가노, 소금, 검은 통후추 으깬 것

## 만드는 방법

① 모든 재료를 준비하여 적당한 크기로 썰어놓는다.

② 방울토마토는 데쳐서 껍질을 벗긴다. 허브는 씻어 놓는다.

③ 팬에 오일을 두르고 캔 엉겅퀴, 검은 올리브, 초록 올리브, 허브를 볶다가 토마토를 넣어 가볍게 볶아 식힌다.

④ 볼에 ③을 넣고 비네가 오일과 소금, 검은 통후추 으깬 것을 넣어 마무리한다.

# 11

# 적양배추 적포도주 조림

적양배추 1.5kg, 사과 500g, 적포도주 1000ml, 식초 300ml,
소금 30g, 월계수잎 2잎



① 사과는 껍질을 벗겨 채로 썰어 놓는다. 적양배추도 채로 썰어 놓는다.

② 사과를 제외한 모든 재료를 볼에 넣고 한번 끓으면 불을 줄여 은근히 졸인다.

③ 약 30분 정도 졸인 다음 사과를 넣어 약 20분 정도 더 끓여 조려준다.

④ 식혀서 냉장고에 넣어 각종 요리에 사용해도 좋고 매일 조금씩 먹으면 몸에 좋다.

## ❈ 비트 샐러드 ❈

12

# 채소볶음

아스파라거스 100g, 베이비당근 100g, 애호박 100g, 샐러리악 80g,
그린빈스 30g, 바질 페스토 20g, 올리브오일 10ml



① 아스파라거스, 베이비당근, 애호박, 샐러리악, 그린빈스를 다듬어 살짝 삶아놓는다.

② 바질 페스토를 만들어 놓는다.

③ 팬에 오일을 두르고 ①을 볶는다. 여기에 ②의 바질 페스토를 넣어 가볍게 섞어
내준다.

## 바질 페스토Basil pesto



흰 통후추 갈은 것 5g, 고운 소금 10g, 잣 150g, 올리브오일 1000ml,
마늘 25g, 후레쉬 바질 300g, 후레쉬 이탈리안 파슬리 60g



① 모든 재료를 계량하여 놓는다.

② 흰 통후추 갈은 것, 잣 150g, 마늘 25g, 후레쉬 바질, 후레쉬 이탈리안 파슬리를
다진다.

③ 모두 섞어 끓이지 않고 사용한다.

# 13

# 키드니 빈스

흰 키드니빈스 콩 500g, 붉은 키드니빈스 콩 50g, 파인애플 50g, 오렌지껍질 30g, 양파 30g, 푸른 피망 30g, 오일 비네그렛(123p 제조방법 참고) 100ml, 소금, 후추



① 콩을 물에 불려 각자 삶아 놓는다. 양파, 파인애플, 피망은 사각으로 자른다. 오렌지 껍질을 얇게 벗겨 채 썰어 삶아 놓는다.

② 볼에 콩, 양파, 파인애플, 피망을 넣고 오일 비네그렛으로 무친다. 소금, 후추로 양념한다.

③ 오렌지 껍질을 오일 비네그렛에 무쳐 장식한다.

# 케넬리니 콩 조림

케넬리니 콩 500g, 판세타치즈 2장, 올리브오일 200ml, 트러플오일 100ml,
닭국물 25ml, 파슬리 다진 것 10g, 양파 다진 것 250g, 소금, 후추



① 콩을 물에 불려 놓는다. 양파와 파슬리는 따로 다져 놓는다.

② 팬을 달구어 오일을 두르고 양파를 볶은 다음 검은 눈을 가진 콩과 올리브오일,

트러플오일, 닭국물을 넣고 오래 은근히 끓여 끈적할 때까지 졸인다.

③ 판세타치즈, 소금과 후추로 양념하고 파슬리는 서브 직전에 넣어 내준다.

# 15

# 쿠스쿠스 샐러드

쿠스쿠스 100g, 치킨스톡 200ml, 체리토마토 1개, 허브 잎 1장, 양파 20g,
붉은 피망 10g, 푸른 피망 10g, 오일 비네그렛(123p 제조방법 참고) 80ml



① 치킨스톡을 끓여 볼에 쿠스쿠스를 담고 부어준다. 약 10분 지나면 부풀어 오르

며 바로 먹을 수 있다.

② 양파, 피망은 작은 사각으로 썰어 놓는다. 토마토는 데쳐서 껍질을 벗겨 감자의

크기로 썬다.

③ 볼에 ①과 ②를 넣어 오일 비네그렛으로 버무려 접시에 담는다. 허브 잎을 올려

준다.

16

# 폴렌타

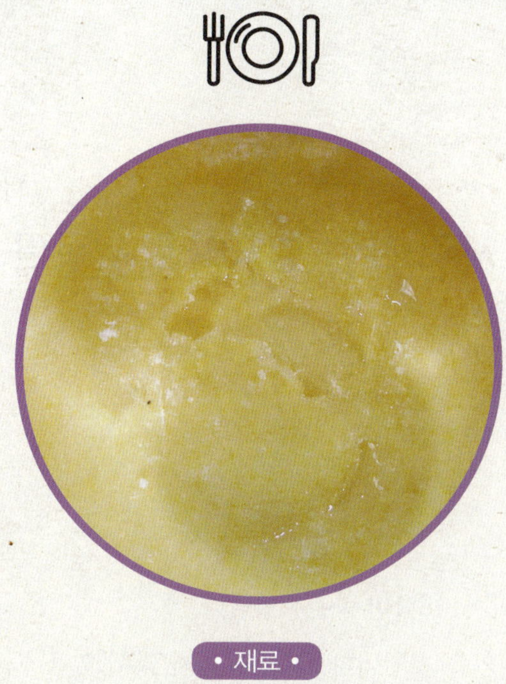



폴렌타 40g, 우유 50ml, 생크림 10ml, 버터 10g, 파르메산 치즈가루 30g,
마스카포네 20g, 트러플오일 아니면 올리브오일 5ml



① 우유에 버터를 녹이고 폴렌타를 넣어 저으면서 은근히 끓이면서 생크림을 넣어

더 끓여준다.

② 파르메산 치즈가루, 마스카포네, 트러플오일 아니면 올리브오일을 넣어 부드럽

게 끓여 준다.

# 감자 사진 작업 도우미 학생들의 후기

안녕하십니까. 16학번 박순종입니다.

저는 잊지 않을 것입니다. 감자 요리가 많이 있을 줄 상상도 못했고 제가 직접 만들 수도 있다는 게 신기하고 자랑스럽고 새로웠습니다. 이렇게 많은 요리를 만들 수 있다는 게 즐겁고 행복했습니다. 그리고 이 날이 저에겐 가장 좋은 추억이 된 거 같습니다. 앞으로도 최선을 다하겠습니다.

16학번 박순종

살면서 지금까지 알바를 한 번도 안 하다가 이권복 교수님이 도와줄 사람을 찾으신단 말에 무심코 했었던 일. 알바 전날 밤 너무 떨려서 새벽까지 뒤척이다가 잠들었는데 아침에 일어나서도 걱정을 산

더미처럼 하다가 학교에 도착해서 실감을 했습니다. 너무 긴장한 나머지 실수가 많았지만 점차 긴장도 풀고 많은 요리를 도와드리면서 요령도 알고 한 가지 재료로 다양한 음식이 이렇게 많다는 걸 알았습니다.

다양한 음식을 한 만큼 힘이 들고 어려웠지만 그만큼 받은 것도 있고 첫 알바비를 받았다는 것이 너무 설레었습니다! 제겐 너무 소중해서 앨범에 껴놓았고 추후에도 이권복 교수님을 잊지 못할 것 같습니다.

첫 알바와 많은 요리는 물론 교수님과 많은 얘기를 하게 되어서 정말 좋았습니다. 다음에 또 하실 일이 있으시면 도와드리고 싶습니다!

15학번 임지은

# 졸업생들의 축하 메시지

**강민수**: 호서전문학교 총학생회장을 지낸 호텔조리과 제자입니다. 이권복 교수님의 신간 출간을 축하드립니다. 후배와 제자들을 위한 끊임없는 연구와 노력의 성과인 것을 알기에 더욱 기쁘고 감사합니다. 이 책이 조리사가 되기를 희망하는 사람들에게 훌륭한 지침서가 될 것이라 생각합니다. 교수님의 제자인 것이 정말 자랑스럽습니다. 짧은 글로나마 존경의 마음을 표합니다.

**강순원**: 조리를 희망하는 후배들을 위해서 꾸준히 책을 써주셔서 감사합니다. 책 출간을 축하드리며, 앞으로도 잘 부탁드리겠습니다. 사랑합니다.

**공애란**: 교수님의 요리는 늘 모든 사람에게 웃음을 주는 행복한 요리입니다.

**곽재현**: 교수님 감자책 출간하신 거 축하드립니다~~!!

**곽희순**: 교수님~ 감자요리책 출간 축하드립니다. 단 몇 초 만에 감자를 깎는 이권

복 교수님의 레시피가 궁금합니다. 1번으로 서점에서 구입하겠습니다!

권윤형: 항상 관심과 애정으로 학생들을 지도해주시는 존경하는 교수님께서 책을
출판하신 것에 대하여 축하드립니다. 감자요리에 대하여 많은 공부를 할
수 있게끔 해 주신 것에 대하여 감사드립니다.

김나임: 오랫동안 준비하신 감자책 출판 축하드립니다~ 앞으로도 좋은 수업 부탁
드리구 항상 감사합니다!! 정말 축하드려요.

김성식: 존경하는 이권복 교수님 책 출간 축하드립니다. 앞으로도 좋은 지도 부탁
드리겠습니다. 항상 감사합니다. 사랑합니다.

김도훈: 항상 제자들을 위해 애쓰시는 이권복 교수님께 감사드립니다. 맛있는 감
자 요리책 출간을 축하드리며, 앞으로도 좋은 요리 하시길 기원합니다. 조
이앤쿡 코리아 책임 연구원 김도훈 감사합니다.

김대현: 우선 책 내신 거 축하드립니다. 감자요리 연구 계속하셔서 보다 좋은 자료
로 좋은 배움 얻게 되길 기원합니다.

김민호: 스시오우 근무하고 있습니다. 교수님 항상 밝으신 모습이 보기 좋네요ㅎ
~ 책 나오면 꼭 보도록 할게요~

김은빈: 항상 학생들을 잘 챙겨주시고 요리도 짱짱 잘하시는 이권복 교수님! 응원
합니다. 늘 건강하시고 행복하세요. 책 출간 축하드립니다.

김동욱: 후배들 양성에 항상 힘써주시는 교수님의 감자요리에 관한 서적 출판을

축하드립니다. 요리기술 서적의 출판에 힘써 조리사들의 기술 향상에 도움을 주시는 이권복 교수님 이번 출판을 진심으로 축하드립니다.

김동준: 교수님 이번 요리책 출판을 진심을 다하여 축하드립니다. 감자요리에 대하여 더 많은 지식을 책을 통하여 배울 수 있게 되어서 좋은 것 같습니다. 앞으로도 좋은 말씀 부탁드립니다.

김병현: 12학번입니다. 감자를 좋아하는 사람들에겐 필독도서! 출간을 축하드립니다~!

김수현: 12학번 수현입니다. 이권복 교수님이 쓰신 감자요리책 어떤 내용들이 실려 있을지 정말 궁금하네요. 꼭 한번 읽어보고 싶어요. 이권복 교수님 파이팅!

김은범: 항상 저희에게 많은 것을 지도해주시고 항상 친근하게 알려주시는 이권복 교수님 감자책 출간하심을 진심으로 축하드립니다!!!

김정호: 12학번입니다, 교수님!  책 출간하신 거 축하드립니다. 대박 나세요. 항상 좋은 모습 응원하겠습니다!

김형배(용인시 축구센터 축구대표 조리사): 존경하며 사랑하는 이권복 교수님 세계 최고의 감자요리책이 될 듯합니다♥ 너무나 기대되며 설렙니다. 파이팅!!♥ 요리책의 지존이 되심을 축하드려요 ~~

김준호: 교수님이 취업시켜 주신 아워홈에서 맡은 바 최선을 다하고 있습니다. 오래오래 건강하십쇼♥ 책 출간을 축하드립니다.

김형석: 교수님! 책 출간하셨다는 소식을 들었습니다. 책 출간하신 거 축하드리고
다른 사람들이 많이 읽었으면 좋겠습니다. 그리고 2학기 때 복학하는데
그 전에 학교에 가서 인사 한번 드리겠습니다.

김현경: 행정조교 김현경입니다. 또 한 권의 좋은 책 출판을 축하드리고 좋은 책으
로 좋은 정보를 주셔서 감사드립니다! 그리고 존경합니다. 교수님! ^^~

김성식: 존경하는 이권복 교수님 책 출간 축하드립니다. 앞으로도 좋은 지도 부탁
드리겠습니다. 항상 감사합니다. 사랑합니다.

나영수(여의도 글래드호텔 주임): 축하드립니다. 호텔에서 사용하겠습니다.

노영호: 감자요리책 출판을 진심으로 축하드립니다. 앞으로도 좋은 책 출판해주시
면 좋겠습니다.

박민택: 교수님 감자책 출간 축하드립니다. 교수님 덕분에 저는 직장 잘 다니다가
창업했습니다. 목동 "맛양값"입니다.

박영란: 이번에 감자요리 책을 쓰신다고 해서 놀랐습니다. 책 출판하신 것 축하드
리고 앞으로도 좋은 책 부탁드립니다. 좋은 책 잘 읽어보겠습니다.

박규태: 서울 롯데호텔 본점에서 일하고 있는 이권복 교수님의 제자입니다! 항상
웃으시면서 제자들을 감싸주시고 제자들의 진로를 같이 걱정해주시는 교
수님! 좋은 책이니만큼 꼭 사서 읽어보도록 하겠습니다!

박영호: 감자요리책 출간을 축하드리며, 항상 열정 가득하신 지도에 감사합니다.

박순창: 교수님~~!! 책 출간 축하드립니다~~!! 이전에 출간된 책들처럼 많이 읽히길 기원합니다~~~~!!!!

박재근: 한정식을 배우고 싶습니다. 취업 자리를 구해 주십시오. 감자책 출간 축하드립니다.

박지용: 조리를 사랑하는 모든 이에게 많이 도움이 될 만한 책, 항상 한결같은 마음으로 따뜻한 말 한마디씩 해주시는 이권복 교수님, 책 출간을 축하드리며, 앞으로도 올바른 길로 지도해주시길 바라겠습니다. 감사합니다.

박정환: 12학번입니다. 안녕하세요. 축하드립니다. 감자처럼 모든 사람이 쉽게 접하는 책이 됐으면 좋겠습니다^^

박재영: 교수님 조리 준비하는 학생 조리사 등 여러 사람을 위해서 노력하시고 좋은 책도 만들어 주시고 감사드립니다. 책 출판 축하드립니다!

신상민: 안녕하십니까! 오랜만에 인사드립니다.^^ 잘 계셨죠? 요번에 책 출간한다는 말을 들었습니다! ^^ 축하드립니다! 다른 책들처럼 조리인들에게 도움이 되는 책이라 생각하고 읽어보겠습니다. 축하드립니다!

심재영: 출판 축하 축하합니다. 교수님은 존경의 대상이시옵니다. 축하드립니다.

성윤정: 이권복 교수님~!! 감자요리책을 출판 진심으로 축하드립니다~

신희옥: 교수님의 창의적인 레시피로 감자요리책을 출판하셨다니 진심으로 축하드립니다~~앞으로 더 많은 요리책을 출판하시길 소망합니다~~^^

오광석: 교수님 감자요리책 출판 축하드립니다. 한결같이 노력하시는 모습 늘 존경합니다. 건강하시고, 동문회 때 뵐게요. 늘 감사합니다.

우동환: 교수님 언제나 노력하시고 좋은 결과를 내시는 모습 보고 매번 많은 배움을 얻고 있습니다. 이번에 새로 나온 책 발간 축하드립니다.

임다은: 교수님 언제나 노력하시는 모습 존경합니다. 감자요리책 출간을 축하드립니다.

이미진: 오 ~~너무 멋진 일이세요.^^교수님 ~ 안녕하세요. ^_^ 감자책 ♡ 뇨끼 만드시던 모습이 떠오릅니다~ 포크 들면서~ 간단하죠? 하셨는데~ 멋진 교수님 응원합니다~ 저는 쌍문동 요리학원에서 한식기능실기반 강사예요~^^ 교수님 보고 싶을 땐 페북으로 만나서 좋아요를 누릅니다.♡

이태겸(역삼 "루안" 근무): 교수님께 배운 요리를 업장에서 만듭니다. 축하드립니다…….

이현빈: 비발디 근무 중입니다. 취업 증빙서류 이메일로 보내드렸습니다. 늘 감사드립니다. 감자요리책 출판을 진심으로 축하드립니다.

이현정: 교수님의 감자책을 보게 되어 감자 요리를 더 알게 되었고 요리에 대해 한발 더 다가갈 수 있을 것 같습니다.

용선미: 교수님께 배운 요리를 딸아이(가인이)에게 가르치고 있어요……. 감자요리를 너무 좋아해서 재래시장으로 감자 사러 갑니다……. 다음엔 책 속에 담긴 감자요리를 하게 되겠네요……. 너무너무 축하드립니다…….

윤해옥: 늘 사랑합니다. 포기하지 않고 늘 묵묵히 달리는 교수님 존경합니다. 감자
　　　　요리책 출판을 진심으로 축하드리며 무궁한 발전을 기원합니다~~

윤혜린: 교수님 항상 좋은 말씀 감사합니다. 감자요리 저도 좋아하는데 출간 축하
　　　　드립니다.

유상민: 자신이 하고 싶은 일을 하시면서 그 길을 다른 학생들에게도 알려주시기
　　　　위해서 내시는 요리책, 자신의 생각을 뚜렷하게 담을 수 있는 그 생각이
　　　　너무 존경스럽습니다!  감자요리 책 출간 축하드립니다!

조기형: 교수님의 창의적인 레시피로 감자요리책을 출판하시니~~진심으로 축하
　　　　합니다~~앞으로 더 많은 요리책을 출판하시길 소망합니다~  교수님 화
　　　　이팅~~~

조추영(덱스터 대표): 교수님이 취업시켜 주셔서 그간 돈을 벌어 창업했습니다. 감
　　　　사드립니다. 늘 식지 않는 열정으로 나아가시는 모습 저희 제자들의 거울
　　　　입니다. 항상 응원하고 보고 배우겠습니다. 책 출간을 진심으로  축하드립
　　　　니다. ♥

주정환: 이자카야에서 근무하고 있습니다. 교수님 언제나 노력하시는 모습 존경합
　　　　니다. 감자책 출간을 축하드립니다.

정윤종: 일식 겸 횟집을 운영합니다. 전부터 준비하시더니 너무 늦었네요. 감자책
　　　　출간을 진심으로 축하드립니다.

허윤: 교수님 존경합니다. 감자요리책 출판을 축하드립니다.

황치석: 교수님 건강하시죠. 축하드려요 빨리 감자책 보고 싶네요.

이가영: 14학번입니다. 교수님의 감자요리책 출판을 축하드립니다! 너무 기대되네요!

송주화: 교수님 존경합니다. 감자요리책 출판을 축하드려요!! 기대됩니다 !!ㅎㅎ

전희섭: 저는 노보텔앰버서더 호텔 근무 중입니다……. 항상 존경스럽고 저희를
　　　　잘 이끌어 주시는 교수님, 감자요리책 출판을 진심으로 축하드립니다. 너
　　　　무 기대되고 꼭 보고 싶어요.

선우승준: 후배양성에 힘써주시면서 책까지 내신다고 해서 놀랐습니다. 책 출판을
　　　　축하드리며 좋은 책을 출판해 주셔서 감사합니다. 존경합니다.

이가영: 15학번입니다. 좋은 책으로 후배양성에 힘쓰시는 모습에 감동입니다. 출
　　　　판을 축하드립니다.

이병훈(08학번 과대표): 이권복 교수님 축하드립니다. 많은 일들을 하며 바쁜 와중
　　　　에 책까지 내시고 존경합니다. 많은 요리인들이 교수님의 그 열정에 많은
　　　　교훈과 가르침을 받는 것 같습니다 책 대박 나시길 빕니다.

이솔희: 저번 해도 이번 해도 교수님한테 많은 것들 배우고 배워갈 학생으로서 너
　　　　무 자랑스럽고 감사한 교수님 이번 요리책 출판 진심으로 축하드립니다!

박영호: 감자요리책 출간을 축하드리며, 항상 열정 가득하신 지도에 감사합니다.

박성배: park's kitchen 대표입니다. 오랜 기간 현장에서 쌓아올린 경험을 강단에

서 열정적으로 학생들에게 전달해주시던 교수님의 모습이 생생합니다. 그 열정과 노하우로 출판되었을 이번 책이 많은 후학과 업계 조리사에게 큰 힘이 될 거라 생각합니다.

박정환: 감자처럼 모든 사람이 책을 쉽게 접할 수 있게 되었으면 좋겠습니다.

부진우("수담 근무"): 이번에 나온 감자책 너무 좋은 거 같아요. 교수님 더 멋진 요리책 출판하시길 바람입니다.

이하림: 항상 열정적인 모습으로 지도하시고 좋은 책 발간해주셔서 감사합니다. 앞으로 잘 부탁드립니다.

이현복: 이번 감자책 출판을 진심으로 축하드리며 앞으로 더 좋은 책 출판하시기를 기원합니다.^^

조아서: 늘 한결같은 모습으로 저희를 이끌어주시고 가르쳐주셔서 감사합니다. 이번에 출판하는 책 정말 축하드리고 여태까지도 많은 도움 받았지만 앞으로도 잘 부탁드립니다. 감사하고 사랑합니다!

조인희: 오랜 시간 공들여서 준비하신 요리책 출간을 진심으로 축하드립니다. 교수님의 열정도 더해지고 저희에게 더 많은 것과 이득 되는 걸 알려주시기 위해서 책을 내어주신 거라고 생각합니다! 꼭 한번 정독하고 앞으로도 좋고 많은 책 써주셨으면 좋겠습니다. 수고하셨습니다!!!

주수종: 감자는 주된 음식인 만큼 관심을 많이 주셨으면 좋겠습니다.

한민지: 교수님! 작년부터 올해까지 양식수업을 즐겁게 잘 가르쳐 주셔서 감사합니다. 그리고 좋은 감자요리책 출간을 축하드립니다! 남은 학기 잘 부탁드립니다. 좋아합니다!

천재희: 감자책 출간하심을 진심으로 축하드립니다.

최가연: 교수님! 감자요리책 출간을 축하드립니다. 항상 저희 지도해 주셔서 감사합니다. 앞으로도 잘 부탁드리겠습니다. 사랑합니다.

최봉석: 교수님! 교수님을 알게 된 시간이 2010년부터 2016년이 됩니다. 저희를 자식보다 더욱 생각해주시고 이번 책 출간을 축하드리며, 많은 구독자가 생기고 교수님의 생각이 많은 사람들 가슴 속에 남았으면 하는 바람입니다!!

최하림: 호서전문학교에 들어오기 전 면접을 이권복 교수님께 받고, 너무 좋으신 말씀들을 많이 해주셔서 제가 호서전문학교에 입학해 잘 적응해 나가고 있는 것 같습니다. 항상 좋은 말씀들과 훌륭한 수업을 배우고 있다는 것만으로도 정말 좋고 도움이 되고 있습니다. 이번 요리책 출판 축하드리고 항상 좋으신 일만 교수님께 있으시길 바랍니다. 감사합니다. 교수님!

최지민: 교수님 이번 요리책 출판을 진심으로 축하드립니다. 저희가 요리를 공부하는 데 더욱더 많은 지식을 교수님의 책으로 공부할 수 있는 좋은 기회가 되어 기쁩니다. 앞으로도 많은 좋은 책을 만드셨으면 좋겠습니다.

황경미: 교수님 이번 감자요리 책 출간을 진심으로 축하드립니다! 요리 공부하는 데 많이 도움을 받은 것 같아 감사합니다! 앞으로도 많은 책 출간을 부탁드립니다!

# 참고문헌


강원도 농촌진흥원, 『강원도의 향토 · 관광요리』(1997)

김종옥, 『실무 프랑스풍 야채요리』(1996)

이권복, 『Master Cusine』(리빙북스, 2013)

한복려 · 정길자, 『조선왕조 궁중음식』(2008)

한복려, 『도시락 100선』(1995)

Le CORDON BLEU HOME COLLECTION "POTATOES"(1998)

# 출간후기

**권선복**

도서출판 행복에너지 대표이사,
한국정책학회 운영이사

웰빙(Well-being) 열풍은 많이 사라졌지만 지금도 많은 사람들이 특히 식생활을 통해 '웰빙' 생활을 영위하기 위해서 몸에 좋다는 온갖 보약에 큰돈을 지불합니다. 하지만 이렇게 보신에 신경 쓰면서도 정작 평소의 식생활은 빠르고 간편하며 자극적인 인스턴트식품에 길들여져 있는 사람들이 너무나도 많습니다. 진정으로 건강을 챙기려면 평소 우리는 어떤 음식들을 주로 섭취해야 할까요?

신토불이(身土不二)라는 말이 있습니다. 우리 몸에는 우리 땅에서 나는 것이 가장 잘 어울린다는 말입니다. 60~70년대 배고픈 시절부터 풍족한 현대에 이르기까지 대한민국 사람들과 가장 오랜 시간 함께해온 작물 중 하나가 바로 감자입니다. 또한 우리 땅에서 나는 감자들은 그 맛과 품질에 있어 세계 어느 종류의 감자에게도 뒤지지 않을 정도로 우수합니다. 발효식품·양조학 공학박사이자 대한민국 조리기능장이며 서울호서전문학교 전임교수로 재직 중인 저자는, 신토불이 식품의 대명사라고 할 수 있는 감자로 우리의 미각은 물론 오감과 건강을 풍요롭게 해 주는 멋진 음식들을 『건강식 감자요리』를 통해 선보이고·있습니다. 자신의 모든 연구 열정과 노하우를 한 권의 책에 담아 주신 저자에게 힘찬 응원의 박수를 보냅니다.

"우리가 먹는 것이 우리의 몸을 결정한다."라는 말이 있습니다. 의·식·주의 세 가지 요소 중에서도 식(食)이 우리의·건강에 얼마나 중요한지를 단적으로 보여주는 부분입니다. 하지만 바쁜 일상에 시달리는 현대인들은 자신의 식생활을 돌아볼 여유도 없이 인스턴트 식생활로 비만과 성인병 등에 시달리고 있는 것이 현실입니다. 이런 현실 속에서 건강에 좋은 것은 물론 다양한 요리 방법으로 오감을 충족시켜 주는 감자요리들을 담은 이 책이, 모든 독자 분들의 식생활에 건강과 행복의 에너지를 팡팡팡 불어넣어주기를 기원드립니다.

## 사람은 다 다르고 다 똑같다

민의식 지음 | 값 15,000원

책 『사람은 다 다르고 다 똑같다』는 '소통'을 통해 자신의 행복한 삶을 도모함은 물론 그 주변, 나아가 세상의 행복을 이끄는 방안을 다양한 사례를 통해 제시한다. 다양성과 다름을 인정하고 이를 조화시키고 통합함으로써 가정과 학교, 직장, 사회 그리고 국가 내에서 소통을 도모하는 방안을 역사적, 인문학적 관점으로 풀어나간다. 현재 우체국시설관리단 경영전략실장으로 재직 중인 저자가 30여 년의 직장생활과 다독多讀을 통해 체득한 삶의 노하우 또한 곳곳에서 빛을 발하고 있다.

## 꽃할배 정우씨!

김정진 지음 | 값 15,000원

이 책은 처음부터 끝까지 '행복을 찾아가는 여정'에 집중한다. 노숙자 할배가 영화제 감독상을 수상하고, 초등학교도 못 나온 할매가 영화감독으로 변신한 놀라운 감동실화에서 우리는 삶의 희망과 용기를 다시 얻는다. 우리가 그토록 찾아 헤매던 행복의 비밀이 『꽃할배 정우씨』를 통해 세상에 공개된다.

## 사장이 붙잡는 김팀장

홍석환 지음 | 값 15,000원

『사장이 붙잡는 김팀장』은 30년간 삼성 그룹사, GS칼텍스 등의 대기업에서 조직문화 형성, 인사기획, 인재개발을 해온 인사 전문가인 저자가 가상의 인물인 김철수 팀장을 통해 팀장으로서 무엇을 버리고 무엇을 해야 하는가를 제시한다. 기업의 성장을 실질적으로 이끄는, 중간 관리자인 팀장이 '어떤 마음가짐을 가져야 하는가? 어떻게 방향을 잡고 조직과 사람을 이끌어야 하는가? 어떻게 실행해야 하는가? 어떻게 자기관리를 해야 하는가?'에 대해 다양한 사례를 중심으로 풀어내고 있다.

## 시가 있는 아침

이채 외 33인 지음 | 값 15,000원

책 『시가 있는 아침』은 어렵사리 가슴에 담은 믿음 하나로 나름의 구심점과 보람을 찾으려는 다양한 분야의 사람들이 모여, 이를 작품으로 체화한 시 모음집이다. 비록 전문 작가는 아니지만, 정성 들여 써 내려간 작품들을 조심스레 독자들에게 건네고 있다. 그들이 전하는 이야기 속에는 세월이, 자연이, 일상이, 철학이 자연스레 녹아들어 있다. 난해하고 지루한 문학작품이 아닌, 우리네 일상을 그려낸 작품들이기에 더욱 공감을 불러일으킨다.

## 내 인생 주인으로 살기

**박동순 지음 | 값** 15,000원

책 『내 인생 주인으로 살기』는 국방부 군사편찬연구소에서 근무 중인 저자가 36년간 군 생활을 하며 후배와 동료들에게 당부하고 싶은 조언과 서로 교감했던 내용들을 담고 있다. 리더십을 바탕으로 내 인생의 주인으로 살아가기 위해, 나아가 가정을 화목하게 꾸리고 험난한 세상살이 속에서 주인의 삶을 살기 위해 필요한 사항들을 펼쳐놓는다.

## 위대한 고객

**이대성 지음 | 값** 15,000원

책 『30년차 경찰공무원이 말하는 위대한 고객』은 30년차 경찰공무원이 현장 일선에서 직접 경험하고 느낀 바를 가감 없이 전하고 있다. 구체적인 경험담을 통해 설득력을 높이고 있으며, 그를 토대로 대한민국 경찰이 가져야 할 마음가짐과 나아갈 방향에 대하여 자세하게 풀어내고 있다. 개인, 경찰 조직을, 더 나아가 국가의 비전에 대해서도 생각해 볼 시간을 갖게 하며 국민에게 사랑 받기 위한 경찰이란 무엇인지 이야기한다.

## 이것이 인성이다

**최익용 지음 | 값** 25,000원

저자는 오랜 시간 젊은이들과 함께 호흡하며 지낸 만큼 '대한민국의 미래를 짊어진 청년들에게 가장 필요한 것은 무엇일까?'에 대해 늘 고민했다. 그리고 "인성(人性)이 무너지면 나라의 미래는 없다"라는 결론 아래 '인성교육학-이것이 인성이다' 원고의 집필을 시작했으며 각고의 노력 끝에 마침내 '한국형 인성교육해법'을 제시하였다. 특히 이번 책은 평생의 경력과 연구결과를 집대성한 작품으로 21세기 대한민국 인성교육서의 새로운 지평을 열어줄 것으로 기대한다.

## 아버지의 인생수첩

**최석환 지음 | 값** 15,000원

책 『아버지의 인생수첩』은 당당하게 가장의 길을 걸어온 저자가 두 아들은 물론, 청년들에게 전하는 삶의 지혜와 응원의 함성을 가득 담고 있다. 굴곡이 진 삶의 여정에서 위기를 이겨내기 위해 스스로 체득한 성공 노하우와 경험담은, 이제 막 세상에 첫발을 내디딘 젊은이 누구에게나 도움이 될 만큼 알차고 든든하다.